電吉他&貝斯調修改製
ELECTRIC GUITAR & BASS DESIGN

李歐那多‧洛斯朋納托 著
(Leonardo Lospennato)
劉方緯 譯

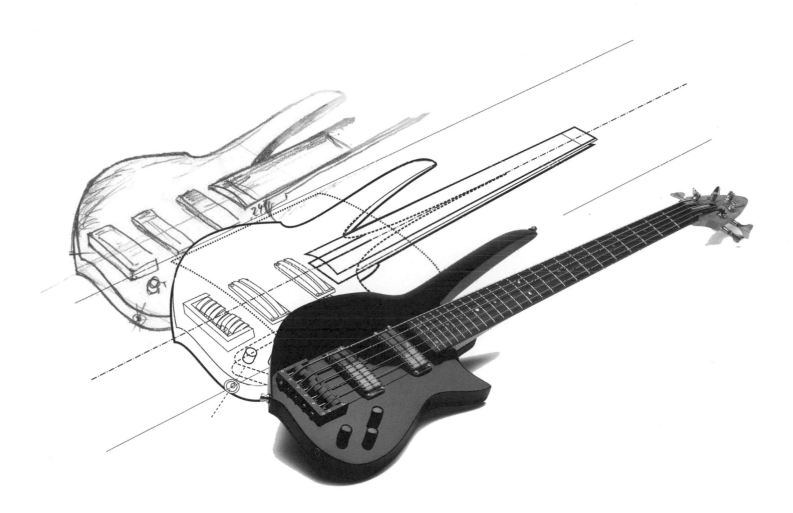

專文

大概二十年前的一個機緣，讓我一腳踏入樂器硬體的領域。

在台南唸研究所時，從小提琴轉木吉他轉電吉他再轉電貝斯已經幾年，組團教學都累積了一點經驗，但我對自己的樂器卻愈來愈不滿意。也不是沒有試著多方調整與請教高人，不過當時已經用了一陣子的五弦貝斯，不但琴頸不穩定走音情況嚴重，之前請知名樂器行師傅更換的拾音器與電路還是怎麼彈怎麼奇怪。跟朋友的樂器相比，加上改裝之後的總花費差不了多少，可是為什麼別人的琴總是比較穩定比較好彈？一直希望能有更多的資料，讓我能夠對樂器的狀況至少做出評估，來判斷接下來該如何處理，卻又找不到適合的資訊來源。

一本適時出現的二手買賣雜誌上刊登的小廣告，吸引了我和音樂教室中一些老師的注意：有人宣稱擁有許多樂器零件，可量身拼湊出堪用的吉他和貝斯。我們從這個廣告開始溯源，從塞滿了各式零組件半成品的破爛透天厝，一路追到一家擁有大量吉他貝斯半成品的工廠。

這家位在安平，早已把生產機具與能量移往中國的工廠，於上個世紀 1980 ～ 90 年代時承攬了許多知名日本吉他貝斯廠牌的代工業務；在我們拜訪時，仍有數以百計的吉他和貝斯的半成品或瑕疵品琴身與琴頸，蒙上厚厚的灰塵，靜靜躺在寂靜的庫房中。我們幾個人想辦法借了貨車，以一個琴身或是一斤樂器零件一百元的價格，挑了可以拼出數十隻琴的材料帶走。想辦法組裝這些未打磨塗裝，還在粗胚狀態的零組件，成為一隻能演奏的樂器，這其中的經驗與學習，剛好補上了我在過去求之不得的資訊空白，也造就了幾位目前仍活躍在第一線的台灣本土製琴師及維修師。

我對於木工並不在行，但是英文還不錯，在這個不知不覺於朋友之間形成的土炮樂器製作社團中擔負的角色，漸漸變成資訊的轉譯與提供者。隨著網路商務的漸漸完備，我們也在一些很熱心的國外製琴師的協助下，開始能買到比較好的零組件，也能買到一些關於樂器製作的書籍來研究。雖然硬著頭皮認真讀完並且受益匪淺，不過現在回想起來，要是當時能有一本泛論性的入門書籍，讓我對樂器製作這件事能有全面性的理解，之後再針對有興趣的部分深入研究的話，應該會輕鬆許多。

雖說憑藉著在台南經歷的這些組裝所獲得的經驗，讓我有段時間在樂器行擔任電路維修與改裝的工作，但我還是比較想把時間花在演奏樂器，而不是增強我的木工經驗和組裝能力，於是離樂器實作漸行漸遠了；但過去的這些經驗讓我在對樂器構造、發聲原理與設計、維護與調整上，比起一般的樂手有更多的理解與認識，也讓我在有經濟能力開始訂製專屬樂器時，能更明確地提出我的想法與需求。

無論再大的品牌，再高的價格，生產者畢竟不是使用者。改裝並不能提高樂器的價值，甚至還常常會造成收藏價值降低的情形。實在是因為每位樂手對於樂器的喜好與個人的身材比例都不一樣，要讓樂器能完全順手好彈、音色也要完全符合期望的話，對每只樂器做個人化的微調和修改是絕對必要的。在我目前擁有的十餘只電貝斯中，除了代言廠牌的產品之外，由我提出規格完全訂製的超過一半以上，而每只琴幾乎都有程度不一的改

裝和調整。如果是電路的修改多半由我自己完成，而木工或是塗裝的修改則視各個狀況不同，由專業維修技師完成。

在多年的演奏和教學生涯中，除了費心處理我自己的器材外，也常常遇到需要幫學生調整樂器，或是詢問某某琴如何好如何不好，該怎樣挑選一隻好琴，甚至是要怎麼下訂單才能獲得心中的神兵利器等等關於樂器的問題。

我常常覺得：要是有一本書或是教材能夠讓讀者了解基本的樂器設計概念，以及如何分辨樂器的好壞和實際造成影響的因素究竟是什麼，如何提出要求才能具體地與製琴師溝通得到最好的結果的話，就再好不過。而這本書正是一本能符合這些需求的手冊。

從怎樣的設計叫做具有美感開始，書中一步步地介紹在設計和製作實心電吉他與貝斯時，製作者將會遇到、以及必須考慮到的種種變數，將其可能的變化和考慮的準則一一詳述；並在每個主要變數單元結尾提供檢核表。製作者可以利用這些檢核表再次檢查自己的設計是否能滿足實用、音色與美感等多方條件，而使用者也可以用來釐清自己的需求，不論在訂製或維修上都能做出清晰而專業的要求與溝通。

這本書並不是一本「吉他貝斯製作教範」，因為並非只要遵循某些標準程序與數字就能做出一只可演奏的樂器；而是一本概論性的介紹。讀者並不能只靠閱讀本書就學會如何連接前級電路，對琴頸傾斜度微調，或是馬上能分辨出巴西玫瑰木與印度玫瑰木的不同，但可藉由閱讀本書，了解到如果會安裝前級電路的話它能帶給你的好處，如果知道怎樣微調琴頸的話演奏手感可能可以大幅提升，如果能知道木材之間的差異造成的音色變化，到底有多少程度上的不同；算是「師父領進門」的綜合入門介紹。

我很幸運地掌握了能獲得大量素材的契機，能盡情地實驗與嘗試；但也因缺乏資訊和知識，付出了許多不必要的金錢、汗水與時間。更重要的是：這樣的機緣巧合不見得能在另外的時空環境下遇到，但是知識的傳遞沒有這樣的限制。任何人只要能取得正確的資訊來源，就不需要如武俠小說男主角般的奇遇才能大成。「要是以前有這樣的書就好了」，是我在閱讀本書時不斷在心裡響起的無奈，只要對樂器本身有興趣，不論是樂手、歌迷或是專業維修技師、或者製琴師，相信都能在本書中找到需要的幫助，進而尋得更專業的資訊來源。

江力平

濁水溪公社貝斯手

附註：當年在狂熱中讀完的三本書，我認為仍可以做為讀者讀完本書後的延伸；畢竟製琴工藝的基本概念這幾十年來並沒有本質上的改變：
   （1）Donald Brosnac. "Guitar Eletronics for Musicians" ,ISBN: 978-0711902329
   （2）Martin Koch. "Building Electric Guitars: How to Make Solid-Body, Hollow-Body and Semi-Acoustic Electric Guitars and Bass Guitars", ISBN: 978-3901314070
   （3）Dan Erlewine. "Guitar Player Repair Guide", ISBN: 978-0879309213

推薦序

　　吉他對許多熱愛音樂的朋友們來說，無疑扮演著夥伴、朋友、甚至是情人的角色。不論何時何地，只要有他們陪伴，心中就多了份踏實與動力。然而，這時候卻發現我們能給予的回饋實在太少。也許唯有試圖「了解他們」，才能跟他們溝通，讓他們持續燦爛和散發光芒，藉此表達我們的感激。

　　在探索吉他的旅途上，每個環節都將遇到各式各樣的挑戰。從最基礎的調音和換弦到動手量身打造一把屬於自己的吉他。這背後除了反映出龐大的知識和經歷，更考驗著對自身喜好的了解及手藝。雖然看似辛苦，卻也伴隨而來莫大的成就感和難以言喻的喜悅，可能只有親自走過一遭才有機會領略了。此時，吉他又多了一個角色：自己的孩子。

　　柏林製琴師 Leonardo Lospennato 在三十年前即已踏上這趟旅途，並且大方地將其中的領悟和精髓經過縝密思考消化後，編寫集結成冊。這絕對是所有吉他愛好者們的一大福音，也是有幸能站得更高、看得更遠的好機會。

　　透過此書，從藝術的角度出發，首先探討電吉他的外型功能設計、實際彈奏感受和整體音色表現三者之間的相互連動和影響，進而帶我們進入到內部電路元件選用和五金配置概念。沒有艱深難懂的詞彙，也沒有複雜刁鑽的公式，取而代之的是清晰的思路和條理分明的敘述方式，加上清楚的圖文解說，一步一步進入專業的領域。

　　吉他如同一幅畫，每一個經典的作品都是經由創作者去蕪存菁、反覆醇化而成的心血結晶，還得要能禁得起歷史和人文長年累月的淬煉，才得以保存至今，繼續豐富無數現代人的心靈，並在未來永世流傳。本書告訴我們如何欣賞、了解一件藝術作品，進而提升藝術敏感度與觀賞樂趣，意識到作品的難能可貴和價值所在，而且值得一提的好消息是，這件集美學、工藝和音樂價值於一身的作品常常就在我們的身邊。

　　如果你從未接觸過電吉他，推薦你閱讀此書，系統化且一應俱全的內容能夠讓你順暢地進到這精彩的領域，發現電吉他的魅力。也許你正要開始接觸或入手人生第一把電吉他，那你將非常需要閱讀這本書，它能在很短的時間內，幫助你對電吉他有全面、清晰的概念，讓你勇敢地走進一間樂器行，大方地拿起吉他，挑選未來將陪伴自己多年的夥伴。可能你已經是有琴人，閱讀這本書則能夠讓你大膽地拿起工具，更深入地與情人相處，度過愉快的時光。又或者你早已擁有一群志同道合的朋友們，閱讀後能讓你以藝術的角度再次欣賞他們的美、嗅得他們的甜、淺嚐他們的醉。

iNPUT Music 音鋪

推薦序

每次我看到有興趣和喜歡的東西，都會在腦海中浮現出設計圖和製作的畫面。記得從小學開始，拿著木箱敲敲打打修改成班級上的書櫃，看到國語日報漫畫裡有小亨利騎的三輪滑板車，就撿拾購物車輪胎和木板試著做出一輛。高中時我曾經製作數百架模型飛機，還參加過多次飛行競賽。

現在我是位任教超過二十五年的物理老師，希望在課堂之外，能教授有用的知識和技能，而學習的祕訣就是動手製作。在 2012 年的暑期，在科學教育館針對小學高年級學生，指導過兩梯次的電吉他營隊。證明儘管對象是小學生，一樣能操作電鑽和弓鋸製作電吉他的琴身，也能精準地運用電烙鐵焊接電路板、纏繞拾音器的線圈，還會改變琴弦張力來調音。

在科學營完成的僅是電吉他教具，要製作專業電吉他十分不簡單，除了準備材料和工具，更需要經驗與知識的累積。對於想要創作屬於自己的電吉他的人，我十分推薦這本書，作者擁有三十年年累積的電吉他經驗，透過大量圖片與照片解說，能幫助了解電吉他製作的原理，減少執行上的困難。

不想輕鬆花錢買個普通量產的東西，透過本書的引導及詳細的規劃與製作工序，完成量身訂作且獨一無二的電吉他，這正代表閱讀本書的你不再只是大眾消費者，即將晉升成為專業的電吉他創作者。

吳明德

麗山高中物理科教師

以往吉他製作這門產業猶如閉門造車般存在著，讓人不得其門而入，對於喜愛音樂的人而言，這是一個神祕又令人心神嚮往的工作。

近幾年來，關注吉他製作生產的人們愈來愈多，再加上國內外網路購物平台的便利性大幅提升，無論是相關的木料配件或製作工具，想自己入手來製作或維修的門檻也相對降低了許多，於是過去被視為深不可測的吉他製造及維修相關產業，也變得觸手可及，進而也讓許多人從原先的使用者，轉而進入到生產製作或維修相關的領域。

「製琴」是工藝、物理、科技、科學、音律、美學、藝術等各項專業的交錯總合，不能只從單一的角度來思考。對身為吉他製作者的我來說，每每在面對需求者，介紹各個部位環節和設計演化方面的時候，最殷切期盼的就是能有一本實用又方便的書。在本書中，作者以製琴師的專業角度將「製琴」分成六大章節，對各個環節做了相當詳細的介紹，從一開始的外形架構到實際操作，以淺顯易懂的描述方式，讓讀者們了解電吉他在每一個部位的結構和設計，幫助讀者加速認識製作的細節並掌握自身所需求的設計方向，進而打造一把專屬於自己的獨特電吉他。

陳瑞明

海頓音樂工作室 Hsiu Guitar Workshop

Dennshow Guitar Workshop

早期開始學製琴的時候，印象中台灣並沒有出版這類的翻譯書籍，只能看著原文書，或是像無頭蒼蠅般一頭栽進去，當然也吃了許多的苦頭。我花了一些時間了解這本書的內容，這本書的確可以提供給想要學習製琴的人做為參考！

詹千褽
KKEZ GUITARS

每一位吉他手大概都知道經典的吉他型號有 Gibson Les Paul 和 Fender Stratocaster，但你知道事實上這些將近五、六〇年的經典，在外觀上都沒什麼太大變化嗎？這證明了經典吉他型號禁得起時間考驗，即使物換星移，細節本質上的美妙之處仍保留其中。

如果想要更清楚了解吉他／貝斯本身，不論你是琴藝超群的吉他手／貝斯手，或是對於吉他內裝再了解不過的技師，還是總想著解構你手上那把吉他的本體、從中獲取經驗的初學者，這本書會是你值得一讀的解惑「教科書」！

作者從吉他外觀開始，到琴身外觀的旋鈕設計、內裝配置及音色調整，依據步驟拆解、用圖示說明，讓你清楚了解一把吉他從無到有的製作過程。同時從美感和歷史故事說起，即使是閱讀著組裝拆解的工具書，卻能感覺新鮮有趣。甚至這本書裡，竟然還透析了吉他之神、齊柏林飛船（Led Zeppelin）吉他手 Jimmy Page 的 Les Paul 吉他的配置方式！

對每個吉他手來說，兼顧美感、彈奏性和音色的吉他再好不過，讀了這本書後你會知道，不論是琴身材質、拾音器和控制旋鈕、電路…等每一處細節，都將影響一把吉他的音色和彈奏的好壞。

樂手巢YSOLIFE
（音樂新聞網站）

關於作者

圖片&文字來源：A. Figari

　　Leonardo Lospennato（李歐那多・洛斯朋納托），1968 年出生於布宜諾斯艾莉斯的一個義大利家庭。現與妻子安珠莉亞（Andrea）和一隻黑色的迷你雪納瑞探戈（Tango）居住在德國首都柏林。

　　李歐那多的父母親分別是經理人和藝術家，因此他承襲雙親的特質，踏上了設計樂器之路，並且成立了個人工作室，將親手打造的作品帶到大眾面前。

　　由於天生好奇心使然，再加上受到文藝復興的精神所啟發，作者早年本來是一位電腦工程師，隨後取得了行銷管理碩士的學位。曾在歐洲和美洲的 IBM 和 eBay 等大公司任職，也以文字工作者的身分發表過許多文章。在這段過程中，他除了母語西班牙文之外，還學習了英文、義大利文和德文。而他充滿「文藝復興」的性格，也在熱愛義大利美食的嗜好上表露無疑。

　　追溯他的製琴經歷，作者對於古典製琴工藝的熱情源自於他在 16 歲時製作的第一把貝斯。

　　他認為，「從零開始創作某件物品、尋找其中的意義、追求完美的境界」是身為一名設計者不可或缺也不容妥協的信念。

本書獻給我一生摯愛的妻子
Andrea

目錄

前言

「您的書終於來了，這是一本您寄了上千封信希望我們出版的書。這本書花了好多年醞釀，一再地確認無數份食譜，只為了把最好、最有趣和最完美的內容呈現給您。如果您能完全依照書中的指示去做，即便沒有任何烹調經驗也能達到專業的水準。」

—— 麥考爾的食譜書（1963）

這是一本關於如何「打造個人專屬吉他」的書籍，書中涵蓋了所有你在砍下任何木材之前應該做的決定。這是一本關於靈感、創意、和追求美感的製琴書。

不論你是業餘愛好者或者專業人士，本書專為製琴師和音樂人所設計，讓你能夠設計並製作出一把帶有設計感、彈奏手感絕佳、而且擁有完美音質的吉他。

其他製作教法給初學者的建議都是先從簡單的模型開始，勸你將壯大的設計野心保留到未來再使用：因為「你可能會失敗！」但在這本書當中，我鼓勵你盡量做自己想做的。放手去打造你夢想中的吉他吧！如果你願意，可以大膽地畫出一把結合球棒和香蕉造型的貝斯。反正市面上已經有太多 Stratocaster 的複製品了。

你的吉他將愈做愈好。而如果你持續地製作吉他，你會被這迷人的製琴工藝給深深吸引。在這麼多的興趣中，你選擇了非常有挑戰性的一種，難道是因為你找不到其他興趣嗎？天文學、集郵或瑜珈也都很有趣不是嗎？

但是製琴……噢，製琴實在太包羅萬象了。它是一門極具啟發性、會讓人沮喪、有成就感、技術深奧，同時又有高度藝術性的工藝……任何事情都無法比擬。你手中握著的是一把由你親手打造，可以彈奏出美妙音樂的樂器。

如果你製作出來的吉他聲音永遠都調不準，外觀又醜到像是球棒和香蕉的合體會怎樣呢？根本不會怎麼樣，把它藏好再做一把就是了。學習是一段反覆嘗試錯誤的過程，只有從錯誤中你才能真正學習。

因此，歡迎來到製琴的世界，也感謝您耐心地閱讀本書。想像在製作電吉他時，安東尼奧 · 德 · 托瑞斯（Antonio de Torres）、赫曼 · 豪瑟（Hermann Hauser）和李歐 芬達（Leo Fender）等人就坐在你身邊，不斷地給你提點和鼓勵。讓我們謙卑地站在這些巨人的肩膀上朝夢想邁進吧。

願你享受這趟旅程！

2010 年 2 月
寫於德國柏林

使用說明

這本書的讀者是誰?

這是專門為以下族群所寫的一本書:

● 音樂人。不論你是吉他手或貝斯手,想要找一把與眾不同,琴行裡找不到的琴,一把有原創性和個人風格的吉他。因為你清楚知道如果揹在你身上的琴跟大家都一樣,那你就無法脫穎而出。

● 業餘愛好者。你已經有製作過吉他的經驗,但希望能朝專業製琴邁進,並且能運用上你已經累積的製琴知識。

● 專業製琴師。你已經有很豐富的設計和製琴經驗,但依然渴望接收新的想法。

你能從書中獲得什麼?

現代管理學之父彼得・杜拉克曾說:「把同樣的時間花在計畫上,可以省去執行時三到四倍的時間」。電吉他是一種非常複雜的樂器,有超過 200 個零件。樂器的品質和這些零件之間多樣的關係和精準度有很強的關聯性。因此想要有良好的品質,計畫階段就扮演著非常關鍵的角色。

基於這個理由,本書將陪你一起面對這個計劃中最重要的階段——將粗略的概念發展成一個完整又專業的規格——也就是「設計」的過程。

當你看完書,你將獲得:

● 製作樂器的清楚想法　　　　　● 應該購買哪些材料或製作哪些零件的清單

● 繪製電吉他設計圖的足夠知識　● 一次非常愉快、充分展現創意的旅程

這本書不是……

這不是一本配方書。本書會教你「如何」製作吉他,但不會侷限你的創意。我會盡量提供你各種選擇,由你來做決定。縝密的編排結構能幫助你抓到要點。

大部分的製琴書都會先探討木材,但本書會到最後的篇章才介紹木材的運用。這是在你著手打造夢想中的電吉他之前必須事先閱讀的工具書。書的內容:

不會有製作吉他的「木工技巧」;而著重在吉他的設計:製作完美的吉他必須要有周延的計劃。

不包括電路學,比如拾音器該如何焊接和纏繞;而是設計出彈奏者和樂器之間的完美介面,並且將旋律透過必要的電路傳遞出去。

不會有處理吉他表面塗料的技術，比如該如何混和溶劑、拋光表面塗層。反而會告訴你哪一種塗料處理的方式能夠展現出吉他在外觀、聲響及其獨具象徵意義的特質。

編排架構

共六篇

● 第一篇 **尋找完美的吉他**：關於設計靈感，以及吉他設計的目標：美感、彈奏性和音色。
● 第二篇 **美感**：關於吉他的琴身和琴頭設計，探討原創性和對美的追求。
● 第三篇 **彈奏性**：關於琴頸與指板的人體工學設計、平衡感和細節的差異。
● 第四篇 **音色**：關於拾音器的選擇、組合和配置。並且聚焦控制旋鈕的設計：數量、類型、位置和箇中原因。
● 第五篇 **零件、材料和表面處理**：教你如何挑選合適的木材和五金配件。
● 第六篇 **只有一個章節**：繪製完整的吉他設計圖

共十六章

大部分章節均依照下列結構分層討論：
● **基礎**：內容可能是有經驗的製琴師已經掌握，但對初學者來說卻是不可或缺的資訊。
● **進階**：這部分需要我們花時間來好好研究，也是本書中最原創的內容。
● **檢核清單**：總結基礎和進階的內容，還包含一些其他的想法和建議，比較算是我個人的筆記，讀者可以選擇地參考。

附錄

書末收錄幾位來自歐洲和美國的知名製琴師訪談，他們分享了自己對於美感、彈奏性、音色、靈感和原創性的看法。此外，也提供製琴專用的聲木介紹、拾音器配線色碼、和拾音器尺寸的參考。

準備用具

第 16 章〈繪製完整的吉他設計圖〉會教你如何完整地畫出吉他的原寸設計藍圖，也是我希望這本書能帶給你的具體成效。當然，前面的每一個章節都能同時激發你的創意，這也是設計的精隨所在。過程中，你必須以圖繪或筆記的方式記錄下所有在腦中迸發的事物（想法、概念和提示）。因此你需要準備：
● 自動鉛筆。請選擇軟鉛，號數至少 2B 以上的鉛筆；不要使用硬鉛的鉛筆，因為線條不明顯也不容易更改，還會在紙上留下痕跡。我也建議不要用非自動的一般鉛筆。
● 一把尺。一開始使用透明的短尺即可，但是正式畫設計圖時你會需要長的製圖尺。
● 紙張。繪製設計圖需要很高的精準度，你可以使用方格紙。但在一開始使用一般文書用的白紙即可。不要購買便宜的紙張，通常這類紙的表面太過光滑，鉛筆不容易畫在上面，

反而會弄髒你的手和紙！一般的印表機用紙其實就足夠了。

● 一個橡皮擦。或三個。

小圖示的功能說明

實用的建議：這個「快速逃生門」的小圖代表最便宜、快速或簡單的方法。

很酷的想法：提出創新、跳脫思考框架的案例和一些聰明的點子。

最糟的情況：當你看到這個小圖時就代表需要特別注意。這意味著部分做法可能會破壞整個設計，或甚至有安全的疑慮。

標準測量：這個小圖代表經典吉他和貝斯款式的標準量測數值；可以做為你設計時的參考。

網路資源：代表有用的網路資源。

完美主義者專用：如果出現這個小圖，代表內容將非常深入。通常不會有太顯著的影響；如果你不需要的話可以直接跳過。

個人意見：一本書一定會反映出作者的個人意見，有些主觀的想法在所難免。這個圖示代表該段文章出自於作者的個人喜好。

值得一提

當我使用「他」時，其實包含了男女兩種性別（對作者和讀者來說，一直重複他或她會很擾人）。當我提到「吉他」時，也同時包含了貝斯，除非有特殊註明或在文章中已經是顯而易見的情況。同樣地，當我說「你」的時候，我指的是「你或者你的顧客」。

最後我想說…

這本書並不完美，但這是一本盡我所能寫出的謙虛之作。我相信一定會有遺漏、錯誤、或不完整的地方。當作者能力無法更進一步提升書的內容時，我相信讀者你一定有這樣的能力。

因此，如果你認為有任何需要增加、修正、調整或刪減之處，歡迎來信至 leo@lospennato.com。我很樂意接受指教並且回覆。如果採納了你的建議，我會由衷地感謝，並將你的名字加註在未來的版本章中。在此先向你致謝！

── 第一篇 ──

尋找完美的吉他

1：靈感

　　一切都是從靈感開始。我們會探討兩款經典吉他—— Gibson Les Paul 和 Fender Stratocaster ——的設計案例，並以此為全書實際討論的參考對象（當然也包含貝斯）。

2：形式與功能的整合

　　一件物品的設計必須同時兼顧功能（也就是使用性），但有時候會與形式上的美感和協調性有衝突。章節中除了討論如何成功地整合形式和功能，使功能和吸引力融為一體。也會定義一些貫穿全書的專有名詞，不只是吉他的各個部位，還包括形狀、線條、旋鈕、和凹槽等。

3：美感、彈奏性、和音色

　　本章將探討吉他各部位的構件對於吉他設計的「金三角」——誘人的美感、絕佳的彈奏性、令人驚艷的音色——會有什麼影響。

① 靈感

- 靈感來源：保持開放的心態和視野
- 永恆之美：Les Paul 和 Stratocaster
- 經典缺憾

先看看你的車，再看看鄰居的，你能看出哪裡不同嗎？從五〇、六〇到七〇年代，你的車子有著不同的風格。它很有型、有個性、架式十足。也有線條、流線、加上豐富的顏色和各種客製化的可能。到了今天，大家的車子都一樣，毫無特色，開一趟高速公路你就會發現周圍的車跟你的幾乎一模一樣。

——約翰 · 思莊斯堡《柔弱國度》
（維京書社，2007）

靈感從何而來？

有一些電吉他廣受好評，屹立不搖，因此市面上出現了很多複製品和類似的設計，看起就像是吉他界的制服一樣。

我們將仔細地分析這些經典之作，並以其做為全書的比較對象和範例。然而，如果你以這些吉他為靈感，可能會無法跳脫框架。你必須從所有的事物中來尋找靈感，擺脫既有的牽絆，才能創造出具有原創性的新經典。

我經常從汽車造型上得到靈感，像是那些從來沒有量產的克萊斯勒（Chrysler）和迪索托（De Soto）概念車。或取材自建築物、甚至是卡通。好的藝術類書籍也是很好的靈感來源，因為這類書籍通常能呈現各個時代最具代表性的美學風格。並不是要你設計出一把帶有蒙娜麗莎微笑曲線的貝斯（還是你真的打算這麼做？），而是因為這些鉅作的精神能夠燃起你的創意火花。

有時候靈感並非來自特定的物品，而是其他不同領域的創意發想人。我的靈感來源經常是英國歌手伊莫珍・希普（Imogen Heap）的音樂，或經典的巴哈。巴哈的清唱劇跟吉他有什麼關聯呢？我無法具體說明，這個祕密隱藏在創作的本質中。一幅畫、一支手錶、一台老收音機、或一首詩都可能是靈感的來源。

你知道嗎？創意地展現自我可以為我們的生命帶來意義！《活出意義》的作者維克多・佛蘭克（Viktor Frankl）博士這麼說。這本書的來頭可不小，根據美國國會圖書館的資料，它是美國十大最有影響力暢銷書之一呢。很顯然，製作一把電貝斯不只是好玩而已，它對精神官能還有相當正面的幫助。

吉他廠牌PRS的製琴師暨創辦人保羅・李・史密斯（Paul Reed Smith）曾說：「李歐・芬達（Leo Fender）在設計Stratocaster吉他時應該正處在一種受神恩寵的狀態」。是什麼啟發了Leo呢？是別把吉他？或是一個女孩？對了，其實吉他的形狀和女人十分相像。

任何事物都有可能成為你的靈感來源，我們只需要睜開雙眼。

六弦的魅力

所有樂器都有自己的個性。從前的人稱教堂裡的管風琴為「樂器之王」，這個封號完全符合這種巨大樂器。鋼琴大概是現代樂器中表情最豐富的，他後代的電子琴更是把聲音的所有限制都給推翻。再來是提琴家族：他們無疑是所有樂器中最神祕的一群，據說其中的部分構造至今仍是個謎。

但是說到電吉他…… 噢，電吉他絕對是所有樂器中最酷的。他的老大哥電貝斯也不惶多讓。

你不這麼認為嗎？那你彈奏的肯定是出色的蘇格蘭風笛、還是什麼其他的樂器吧！你看起來當然會比拿著 Hagstrom Viking II 的貓王還要帥氣（詳見 P.18）。

可到底蘇格蘭風笛是什麼做的？羊的肚子還是其他東西，你往裡面吹氣……不，沒有什麼比得上電吉他！

永恆之美的簡單魔力

在所有吉他中，有兩款型號最受歡迎：Gibson 廠牌的 Les Paul 和 Fender 廠牌的 Stratocaster。

Gibson Les Paul

Les Paul 是一款簡約、典雅、具有復古弧線的吉他（我們很快就會學到所謂的「弧線」）。這是由萊斯特・柏斯福斯（Lester Polsfuss, 1915 ～ 2009），也就是人稱 Les Paul 的美國爵士吉他手設計的吉他，他同時是發明家，以及當代樂器和錄音器材發展中最具影響力的人物之一。

93 歲的 Les Paul 現場彈奏他最暢銷的簽名琴：Les Paul（照片來源：Amy Tragethon）

　　Les Paul 型號的最終定型一般認為是在 Gibson 公司研發而成。Les Paul 的第一把實心電吉他在四〇年代問世，由一塊四英吋見方的松木，和兩側各一半的空心木吉他組成，呈現出一般吉他的外觀。這把吉他取名為「圓木」（The Log），重量上應該也是名符其實。

　　實心吉他可以解決吉他訊號經過放大後的兩個主要問題：

● 回授。因為實心吉他不再具有與音箱共振的空心琴身。

● 延音。因為實心吉他的琴弦動力不會再像木吉他一樣，從琴橋往琴頭處遞減。

Fender Stratocaster

　　另一款經典吉他則是Fender廠牌的Stratocaster。它擁有最受歡迎的外型，也是眾多吉他手永遠的口袋名單之一。這把吉他是在五〇年代，由克拉倫斯·李歐·芬達（Clarence Leonidas Fender）、喬治·富勒頓（George Fullerton）和佛萊迪·泰福萊斯（Freddy Tavares）與多位音樂人合作研發出來的。據說Stratocaster這個命名是想讓大家聯想到當時最新的B-52同溫層堡壘轟炸機（Stratofortress）。對我來說，Strat也會讓我聯想到平流層（Stratosphere），當時美俄兩國的太空競爭正開打，Strad是Stradicarius的縮寫，-caster則已經使用在之前的Fender吉他型號中了（像是Broadcaster，後來因為另一間吉他廠牌Gretsch宣稱這個名字已經註冊在他們的一套鼓上，因此改命名為現在大家耳熟能詳的Telecaster）。它創新的琴身有著腹部的斜面和可以靠手的斜面設計，將當時電吉他的人體工學推向了新的境界。雙切角、搖座、和其他絕佳的概念，都使得這把吉他晉升優秀產品設計的行列。

Leo Fender 拿著他那枝神奇的鉛筆（照片由 Bob Perine 拍攝，經 Blaze Newman 授權使用）

經典的缺陷

不可思議的是這兩把吉他在歷經了數十年之後，外觀上幾乎沒有什麼改變。一把 1954 年的 Les Paul 和 2004 年的 Les Paul 在形狀和尺寸上完全沒有差異。當然有一些五金、色彩、細節和品質的調整，但設計本身不變：實際上就是同一把吉他。如果我們把 1967 年的 Stratocaster 和昨天才出廠的再版琴相比，至少從設計上分別不出來。很少產品能夠禁得起這麼長時間的考驗。

然而，每件事都有一體兩面。這些吉他界的經典王者也成為眾家品牌模仿的對象，甚至直接抄襲。

「通了電的吉他成為自由和對抗舊體制的象徵。但五十年來還在穿同一件衣服並遵循同一套規則的吉他，已經失去了自由和反叛的精神。以往的反叛變成了一種陳窠。」請參考這個網站（www.gitarrendesign.de），我覺得他們說的還滿有道理。

在消費主義社會的過度消費機制下，一個有設計感的產品最後都會變得庸俗。「庸俗」二字代表了一種次級、索然無味的複製品味（通常伴隨著排行榜上的文化符號），不斷生產、或大量生產著失去原味的產物。這樣的產品可能還是很漂亮，但暢銷過了頭就會失去原有的獨特。Stratocaster 和 Les Paul 當然不是庸俗品（大部分不是），但他們真是隨處可見了（特別是那些複製品）。

Stratocaster 和 Les Paul 是最好的吉他嗎？「暢銷品」並不代表就是最好的。他們從上市至今經過多次細節上的調整和改進。這個問題回歸到本書的精神之一，最好的吉他會因個人品味而有不同的定義。你可能會做出一把風靡未來世代的經典吉他也說不定，誰知道呢？

好吧，這個夢可能太大了，但至少嘗試的過程會很好玩。

檢核清單
尋找靈感

● 任何藝術或工藝（不一定要與吉他有關）都可能成為靈感來源。從你喜歡或景仰的創作中尋找靈感。

● 挖掘設計的本質，像是比例、涵義、細節、功能、和風格，並且超越表層的特性（顏色、圖案、品牌、時尚、和受歡迎程度）。

● 經典款式不必然是完美的代名詞。學習到他們的經驗並開創新的路徑。雖然 Stratocaster 和 Les Paul 已經被當做「傳統」的吉他款式，但當時他們可稱得上是革命性的設計。

設計的演進：帽子和 Stratocaster

年代＼商品	電話	電腦	概念車	女王帽	Strats
50					
60					
70					
80					
90					
00					

上圖是幾項暢銷產品數十年的演進過程，這些好的設計經過數十年後都不曾改變；但問題是：這樣稱得上創新嗎？

馬丁・歐夫（Martin Off）設計的「魅力寶貝」（Glamour Baby）

② 形式與功能的整合

- 傳統的結構：零組件
- 「設計」的結構：線條、曲線、形狀
- 吉他背面的結構
- 使用性 vs. 設計感
- 裝飾的藝術

「華森，下一個標示 C2 是什麼意思？」
「毫無疑問那是指第二章。」
「不一定啊華森，如果第五百三十四頁才在
第二章，那麼第一章一定冗長到不行，我相
信你也這麼認為。」
——柯南‧道爾《福爾摩斯－恐怖谷》

基礎
電吉他剖析

　　次頁的電吉他結構圖你應該已經非常熟悉了。這是傳統的電吉他結構、部位和相關
零件的細項。再看看另一頁的設計結構圖，它提供了以設計取向來觀察電吉他或貝斯的角
度，著重的是形式與機能。（你可以把接下來的幾頁標上記號，方便查找）。

吉他結構（基本型）

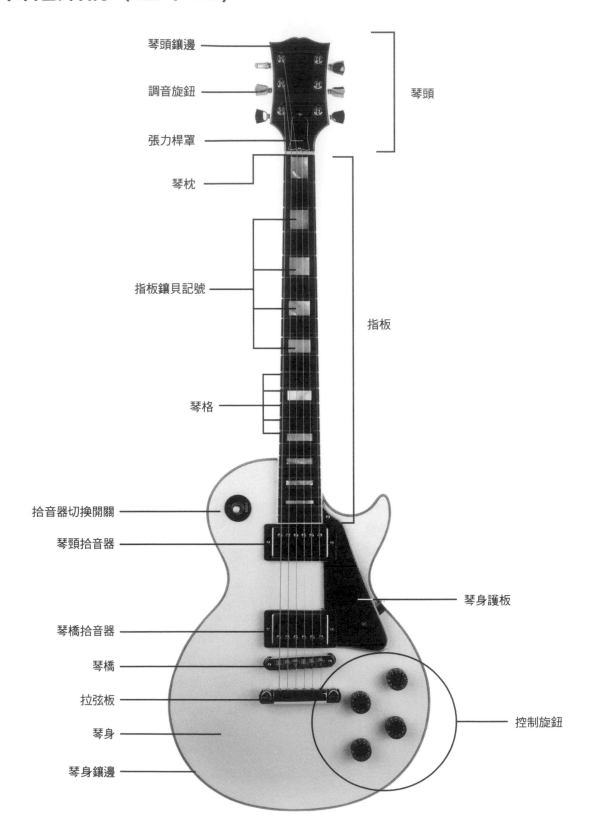

琴頭鑲邊

調音旋鈕

張力桿罩

琴頭

琴枕

指板鑲貝記號

指板

琴格

拾音器切換開關

琴頸拾音器

琴身護板

琴橋拾音器

琴橋

拉弦板

琴身

控制旋鈕

琴身鑲邊

吉他結構（設計型）

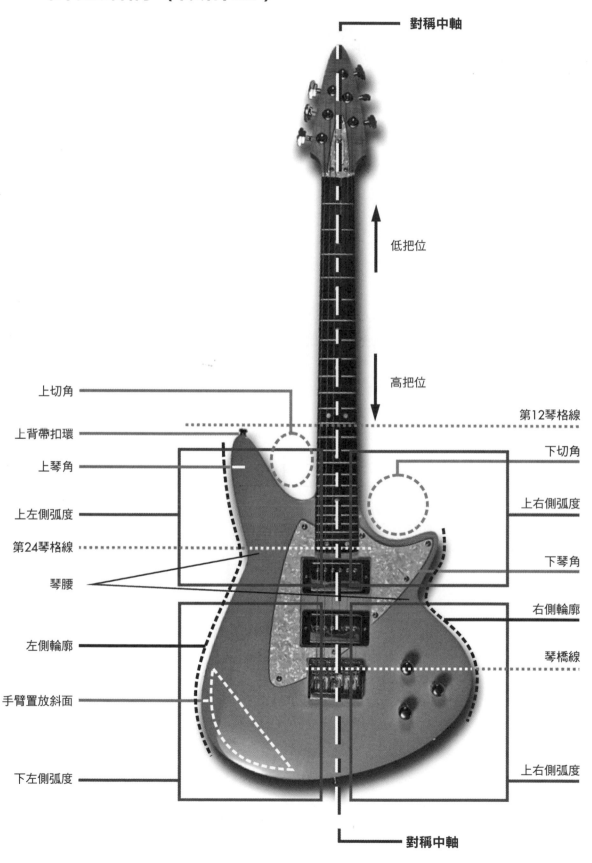

對稱中軸

低把位

高把位

第12琴格線

上切角
上背帶扣環
上琴角
上左側弧度
第24琴格線
琴腰
左側輪廓
手臂置放斜面
下左側弧度

下切角
上右側弧度
下琴角
右側輪廓
琴橋線
上右側弧度

對稱中軸

圖片來源：www.lospennato.com

背面構造（設計型）

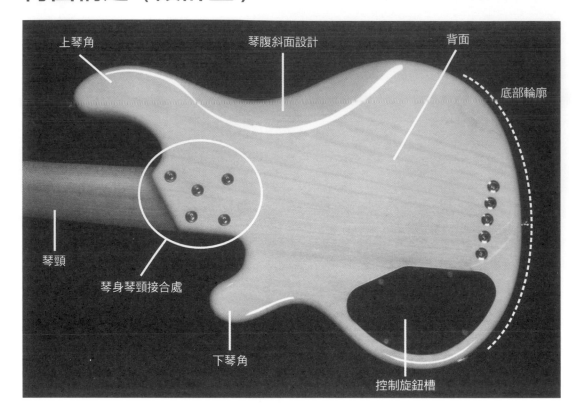

- 上琴角
- 琴腹斜面設計
- 背面
- 底部輪廓
- 琴頸
- 琴身琴頸接合處
- 下琴角
- 控制旋鈕槽

設計感與可用性

電吉他應該要好看還是好彈呢？對一把貝斯來說什麼才是最重要的呢？是它的外觀還是手感？工程師最愛的標準答案是：「不一定」。這端看你想設計的是什麼樣的吉他，以及你對這項設計的目標是什麼。

以形式為優先的考量（美、美感、整體感、象徵性、以及要傳達的訊息）適用在評鑑藝術時。如果我看的是一件雕塑品、一幅畫或其他藝術品，我給它的評價會與它的美感有關。但如果要挑選一只開罐器，我不會在意它是不是世界上最醜的東西：只要它能使用，就是好的開罐器。所以就工具來說，首要的評選標準無關美醜，而是功能先決（可用性、實用性、人體工學、性能、安全性、和攜帶性）。

「形隨機能」（Form follows function）是近幾十年較為流行的一種設計原則，與現代建築或工業設計有關（建築物或物體的形狀必須建立在其功能或目的上）。乍看之下這似乎是一個滿合理的概念，但其實並不適用在所有的物體上。以吉他為例，它不只是一種工具，更不只是一件樂器，它兼具下列特質：

● 必須合身（這是我們要使用的，甚至幾乎是要穿上去的）

● 成為演奏者的個人形象的一部分

● 反映出設計者的個性

● 有些卓越的吉他設計甚至達到了藝術境界

因此對於吉他來說，形式和機能密不可分，兩者彼此依存。

裝飾

　　裝飾或裝飾品一直是設計的爭論點。奧地利現代主義派建築師阿道夫·路斯（Adolf Loos）在1908年一篇名為〈裝飾與罪惡〉的文章中寫到：

　　「我不同意裝飾可以增加人們的生活樂趣或裝飾是美麗的這種說法……即便使用最好的材料也花費最多的時間，裝飾過的物體還是缺乏美感。一邊聽著貝多芬音樂一邊貼壁紙的人真是墮落。」

　　這種煽動性的言論同樣出現在 1900 年代初期許多現代主義的宣言當中，是一種對上世紀極致風格（巴洛克、洛可可等）的反動。現代主義，以包浩斯風格為例，就企圖解構上一個時期、遠離那樣的裝飾主義。而後，1920 年代又興起了與之抗衡，被歸類為古典風格的裝飾藝術（Art Deco）和新藝術（Art Nouveau）。

裝飾的角色

　　吉他上的裝飾有任何意義嗎？當然有：
● 它能將個性融入設計中
● 它能強化美感
● 它能使象徵具體化——傳遞設計的訊息
● 它能激發聯想力

　　這樣的聯想有時候也會讓人反感，但就像建築物裝飾所扮演的角色一樣（例如建築物內的方向標示、凸顯建築物的風格或是吸引顧客的目光），有一些裝飾還是具有功能。

　　吉他的裝飾無疑地能夠強化演奏者和製造者的風格。舉幾把奧齊·奧斯本（Ozzy Osbourne）樂團團員們用的吉他為例，蘭迪·羅茲（Randy Rhoads）的Polkadots Flying V、札克·懷爾德（Zakk Wylde）的 "Buzzsaw" Les Paul吉他，或者任何一把史提夫·范（Steve Vai）經過高度裝飾的電吉他。

　　基本的像是色彩變化也算是裝飾的一種。你看過「凱蒂貓」的 Stratocaster 嗎？這是由吉他廠牌 Squier 製作生產的一款可愛帶有女孩氣息的吉他。當它改漆成黑色後就成了硬派搖滾吉他手的樂器；貼上海綿寶寶的貼紙，馬上又變成了小朋友的玩具吉他。一旦貼上了撒旦的標誌，則能吸引玩黑死金屬的樂手。

　　我相信「美」主要會在形式與功能的相互關係中應運而生，不用過度倚賴受到時尚品味變革所宰制的裝飾行為。

傳統電吉他的裝飾

傳統吉他的裝飾大概有下列幾種：

● 塗裝
● 鑲邊
● 鑲貝的指板記號
● 印花（通常在琴頭處）

鑲邊——是將線條狀的塑膠或木材（這個部位就稱做「鑲邊」）貼在吉他琴身和指板外圍輪廓上的一項工序。木吉他上的鑲邊用來保護表面木頭，避免因為潮濕而變形。實心電吉他上的鑲邊則單純是裝飾功能。

吉他如果要做鑲邊，琴身必須要有像 Les Paul 般鮮明輪廓，而不是 Stratocaster 這種圓弧的琴身。

鑲貝是一種將塑膠、珍珠母、或其他貝殼類裝飾品鑲在指板上挖好琴格內的一種裝飾工藝。這些鑲入的裝飾品通常會與木頭保持平整，形成圖案、裝飾性花樣、或者其他視覺元素（例如標識、意念、記號或圖畫）。鑲貝本身就是一種藝術，這部分有很多不錯的參考資源[2]。在設計階段，重要的是把鑲貝的美感效果考量進去。鑲貝就是形式、功能和裝飾融合的一個好例子。鑲貝的指板標誌能幫助吉他手找到每一個琴格的位置，並且在形式上具有裝飾性。

鑲貝方面的建議是：如果你想製作比較複雜的鑲貝，可以考慮將鑲貝的主題和吉他整體的設計概念或主題合而為一。最好的例子是比・比・金（B.B.King）的經典吉他 Lucille，在指板上鑲有比・比・金的簽名，或者Gibson SG系列的托尼・艾奧米（Tony Iommi）簽名琴，指板上鑲嵌了托尼配戴的十字架吊飾圖案。

在吉他上搭配鑲邊和鑲貝需要很多專業經驗和時間。 如果你從來沒有做過，建議不要直接在吉他上嘗試，可以先在小塊木頭上練習，**記得戴上專業的口罩和護目鏡**。鋸切珍珠母和其他貝殼類時會產生很多粉塵，吸入過多可能會誘發矽肺病，這種惱人的病症我就不在這裡多說了。

也可以購買已經切割好的鑲貝藝品，這些鑲貝藝品必須在指板還沒黏上琴頸和安裝琴格之前就鑲嵌好。記得在實際製作之前先練習幾次！

印花不僅僅是裝飾元素，同時還能提供一些關於品牌、型號、生產地和序號的資訊。最知名的例子是 Fender 的印花。印花是一種比較簡易和節省成本的鑲貝替代做法。

原注 2：例如詹姆士・派特森（James E. Patterson）的著作《珍珠鑲貝書》（Pearl Inlay Book）；賴瑞・羅賓森（Larry Robinson）的著作《鑲貝的藝術》（The Art of Inlay）

進階
....

美的探索

　　美的感知十分主觀，相同文化背景的人對於美醜、經典與庸俗、創意與否會有類似的感受。

　　美是一種非常細微、幾乎無法察覺的東西。但還是可以歸納出一些特性。我們就來認識這些特性。

簡單／複雜

　　我找到以下關於簡單（simplicity）的定義：「一物體具備了非組成、輕鬆且不令人混淆的屬性和本質」。簡單與「太多元素和零件而超載」的複雜（complexity）概念正好相反。

　　「簡單」是當前普遍較受歡迎的設計趨勢，複雜被認為是過時的。其實不論簡單或複雜都無關好壞，那只是一種設計結果而已。簡單風格的流行，就如同巴洛克年代經歷的複雜風格一樣。平心而論，好的設計應該是在不犧牲功能、性能、控制性和安全的前提下盡可能達到簡單。

　　在日常設計中分辨簡單和複雜是很有趣的練習。一支經典的手錶通常是簡單且素雅的，一支經典的運動錶則會有許多的按鈕和指針，而這樣的複雜性是為了要滿足其功能和風格。相反的，如果手錶上有很顯眼的品牌標誌、螢光色和四種不同的材質和音樂，不論有多昂貴看起來都很多餘。但是這種款式對特定族群，像是青少年或饒舌歌手來說，卻可能很受歡迎。品味永遠都是一個主觀的議題。

　　複雜與繁雜不盡相同。複雜可能成就好的設計，甚至至關重要。例如噴射機的引擎極其複雜，但也因此才能有優越的動力。如果加了不必要的元素進去則有可能失去功效、成本變高、或變得不穩定。那什麼是「繁雜」（complicated）的吉他琴身呢？那是一把有很多尖角、不自然弧度、不協調隆起處和不流暢線條的吉他。吉他不一定要繁雜又極端才能表現出原創性或叛逆感。像 Flying V 吉他就是簡單卻充滿風格和個性的代表。如果太過求好心切地想表達出原創性，很有可能會做出一把繁雜而比原始設計還要激進的樂器。設計的挑戰困難在於一方面要保有原創性，另一方面又要盡可能地維持簡約。當然，除非你本來的用意就是要設計出很複雜的吉他。

　　好的產品不需要靠極端的設計才能脫穎而出。它必須要有效。讓人留下深刻的印象，而且是好的印象。不論簡單或複雜的設計都要能夠滿足功能的需求。設計中的繁雜元素很可能給人負面的印象。

　　《簡單的法則》作者前田約翰（John Maeda）在該書的第十法則中提到「最重要的事」，他告訴我們：「簡單是去除明顯，並添加意義」。此想法正好與達文西的經典名言相互呼應：「簡單，是最高級的複雜」。

比例

相對尺寸很重要

　　這裡講的比例代表任一部位相較於整體的尺寸，同時也是使人感到愉悅的影響因素。這可能是最能夠量化的一種美感，這裡的重點在於「比例」。

　　好的比例不會讓人察覺，而會感知到設計中特定的和諧之美。壞的比例則常常是某些元素、區域、距離不合理的大小。怪異比例的設計常被稱為「卡通式」設計，就像卡通人物一樣會刻意打破比例來凸顯特徵。端看你的設計目標是什麼，這可能是好事也可能是壞事。

　　要達到好的比例可以參考下列原則：

● 首先要考量樂器的彈奏者是誰。誰會演奏這把貝斯？正常身材的人、小孩、還是超過三百磅的大隻佬[3]？
● 相似特色元素位置應該彼此分明；例如一把多琴頸吉他的所有琴頸接合處和琴橋都應該設計在同一條線上（如下圖）
● 元素之間的比例關係明確，例如二分之一、四分之一、三分之一等。其他精細的比例（例如第 4 章的黃金比例）也很有幫助。

對稱／不對稱

eBay 網站上一把出價 225 美金的巨型吉他，有四個琴頸（結合吉他、貝斯、五弦琴和曼陀林）。比例太重要了！

原注 3：我本人就是大隻佬，所以當然喜歡大的樂器！

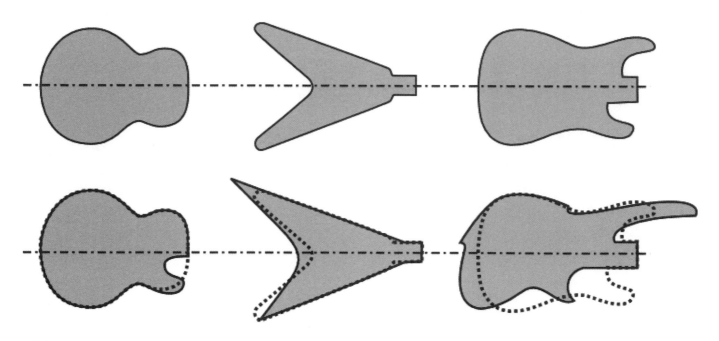

比較上排的對稱琴身和下排的不對稱琴身；注意不對稱琴身的動態感朝向哪個方向。

對稱性是指透過幾何的變化，像是比例縮放、鏡射、重複、和旋轉而感知到物體本身的相似性。對稱是美好事物的自然特質之一，例如太陽、花朵、和人體。對稱的物體隨處可見，但不對稱的物體也能創造出上等的美感。例如日式花道運用樹枝、葉子、和花朵的線條插出不對稱的三角形。有時候甚至只有三朵花，且其中的任何兩朵都不會位在同一個矩形平面上。日式花道的不對稱之美令人驚豔，Telecaster、Explorer、和 Jaguar 等吉他的不對稱造型上也不相上下。

當站在鏡子前面，你會發現人是對稱的動物，但不是完美地對稱。完美地對稱看起來很無趣也很假。自然界中大概只有礦物或冰晶才是完美地對稱（只要你不往深處繼續探究），因此會給人生冷的感覺。有機動植物基本上都不是完美對稱，而我們對於美的認知也視這樣的不完美是自然的。電吉他常因為功能需求做出不對稱的設計：大部分吉他需要切角以便演奏者彈奏高把位的琴格，以及因應重量平衡的需求。當然也有一些真正對稱的琴身設計：Flying V、ES-335 和其他類似的型號、某些爵士吉他、大多數的空心木吉他、和所有的古典吉他。你的吉他會想設計成怎樣呢？

視覺平衡

視覺平衡是一種本質的平衡，講的是在配置和視覺重量方面，每一部位對整體來說都有和諧的分配。下列方法對視覺平衡設計很有幫助：

●**對準**：將元素配置在參考基準（某一點、軸、線、平面、或其他零件）的相對位置。
●**重複**：這是圖案樣式的精華所在。這些重複的元素不一定要一模一樣：最漂亮的例子就是 PRS（Paul Reed Smith）吉他的小鳥指板鑲貝，雖然都是鳥，但每隻都不一樣。
●**相似性**：將元素群化在一起或讓它獨立出來。這種技巧可以凸顯某一個部分的特徵，或者營造出視覺上的連結（或中斷）。

對比

對比法是使用某一種屬性中兩種相反特質的方式，例如顏色、尺寸、形狀、明暗度、形態、紋理、排列、或方向。善用對比法能讓設計打破單調而更增色。但過度使用則會有反效果：

● **過度兩極化**。想像將吉他彩繪出光芒的圖案（外層深色向內層漸淺）兩種色差愈大效果會愈極端，也會造成視覺混淆，例如黑白的色差比深紅和淺紅來得極端。

● **破裂感**。想像一把吉他的琴身是由直線和曲線所組合，這種組合會使人認為直線的部位被切掉了。修飾的方式可以用有些微弧度且較寬的線條來取代直線（第 4 章會深入探討琴身的形狀和弧度）。

● **比例失調**是指尺寸的對比情形。例如很大的琴身配上很小的琴頭（或無琴頭）。這也許是為什麼很多無琴頭樂器的琴身都相對較小的原因。

原創性

你還會想要製作一把與別人一模一樣的貝斯嗎？我相信這雖然也不錯，但絕對不是原創。

原創性是一個物體所散發出的獨特特徵（不論是一個物體、一個想法、或一個概念都適用），它是前所未有的。然而從既有的資源中你還是可以找出原創性：重新詮釋、重新發現、重新組合、或重新創造。你的創意可以透過這樣的原創吉他表現出來；建立區隔性，脫穎而出。不僅更有識別度，也強化了設計者的個性。

經典還是庸俗？

前面提到我們對藝術品（或任何物體）的認知會在我們內心反映出對它的評鑑。想要了解一樣的東西時我們會去評鑑它，吉他也不例外。什麼是有品味，什麼是沒有品味？法國哲學家皮耶・布迪厄（Pierre Bourdieu）曾說：「社會對於品味的認知其實就是統治階層的認知」。

如果我們說那些巨星級的音樂人是音樂界的統治階層，他們使用的樂器就代表著當時大家對於品味的認同。我們可以更廣義地說那樣的「品味」也間接認同設計者本身的概念、想法、美感、素雅、簡約、融洽、和諧和卓越。相反的，品味不好的設計就會呈現出負面、次等、不被大眾接受的概念。

一把經典的吉他通常看起來是獨特、昂貴、素雅、製作精良、塗料處理完美，並且能在經典和原創中取得平衡。它看起來很特別，甚至有現代感，但不會刻意與普世的美感價值衝突。就算不是簡約風格也會相對簡單。

我懷疑從抽象中發展出的美感是否能夠達到設計的最高境界，吉他應該要有吉他的形狀，而不是其它東西的形狀。但庸俗的設計可能會刻意地超越吉他在功能上的需求。例如：把吉他設計成拖車房屋、網球拍、或太空船的形狀，試圖製造幽默的效果（但這無法成為雋永的設計）。

品味當然很主觀。但我們仍然可以列舉一些建議做法來避免糟糕的品味（如果你刻意這樣設計，也能照下列方式來做）：

● **使用劣等、廢棄、或奇怪的材料**，例如羽毛、皮革、或任何動物性的素材[5]。今日的趨勢則是使用回收材料（俗話說「一個人的垃圾可能是另一個人的珍寶」）。

● **浮誇的材料**。一些太過高檔或昂貴的材料；目的是要「炫富」。或是現在把什麼東西都做的很閃亮的流行風格。

● **假材料**，例如仿金的葉片金飾、或是立方氧化鋯材質的人工鑽石等。

● **誤導**。一種讓人誤以為真有其事的有趣嘗試。例如在吉他上用空氣噴槍精描出一個子彈孔。在吉他上很難用噴槍做出有質感的設計。這個技術比較適用在其他地方。

● **移花接木**，像是將有名的畫作以 3D 立體方式呈現（例如在吉他上繪製蒙娜麗莎的微笑）。

● **黑色幽默**或者其它引人注目的元素，但卻忽略了主要功能。

● **過度原創**，導致成品不自然或累贅。

吉他的設計也能傳達訊息

一把有著出色來福槍形狀的吉他可能不好看，或根本失去了彈奏性。但還是要再說一次，其他設計領域可以這麼嘗試。例如哥倫比亞製琴師艾伯特 · 博拉提斯（Alberto Paredes）就曾經製作一系列利用退役來福槍設計的電吉他 Escopetarras（獵槍）[6]。這個設計很好，當然一般製琴師不會這麼認為，但它達到了預期的政治目的，因此還長期展示在聯合國的總部呢。

想像如果要你設計一把具有廣告或促銷意味的吉他，或是「新世代」吉他、「紅襪隊」吉他，你會怎麼設計並且保有它的經典性呢？「經典」真的是我們想要傳達且想要得到的最終結果嗎？

不同的設計屬性能夠傳達出象徵的意義。設計的訊息可以下列元素表達出不同程度的差異：線條和形狀、符號和標誌、文字、抽象和比喻的繪畫主題、雕刻主題、或直接附加在樂器上的物體。一般來說，抽象的元素會比較細緻，而比喻的元素則比較顯眼。

原注 5：使用骨頭和化石材料來做旋鈕除外。詳見第 13 章。
原注 6：從西班牙文 escopeta（獵槍）和 guitarra（吉他）組合出的新字。

檢核清單
....
靈感集結

集結靈感最好的方法如下：

● **「原創」的思考**：重新創造、重新詮釋、進化、或完全跳脫框架的思考。

● **採用對稱法**：不一定只以吉他的中軸做對稱，也可以考慮以斜線或橫切線為基準的對稱方式。

● **採用不對稱法**：如果不對稱設計也能同時加強吉他的功能性（較短的下琴角形成不對稱，並且提升吉他的平衡感）。

● **線條順暢性**：注意整體的線條順暢性，特別是在弧度較為明顯、線條方向改變、凸出（吉他琴角）和凹陷的位置。

● **看起來要像吉他**：當然如果你的目的是想要做出完全原創的設計，你可以設計成完全不同的形狀。

● **除非你使用紋路明顯、色澤天然的木材**，不然一定要幫你的吉他選一個漂亮的顏色——一把粉紅色的 Strat 絕對比紅色的還要搶眼。

● **採用對比法**：對比愈低，設計看起來愈一致；對比愈高，設計感愈強烈。

● **節制的裝飾**：切忌裝飾過度 [8]。

● **注意設計傳遞出的訊息**：希望欣賞的人會有何聯想。

● **如果吉他有主題**，想想看有什麼不同的方式可以傳遞其中的隱喻。記住：圖形類的元素（圖案、文字）會比抽象類元素（線條和形狀）帶來更大的衝擊。多不見得就是好事。

美國建築師暨作家的法蘭克‧洛伊‧萊特（Frank Lloyd Wright）曾說：「『形隨機能』這句話被誤解了。形式和機能應該像心靈伴侶一樣地密不可分。」吉他設計的最高境界莫過於讓此一緊密關係的魔力達到設計的三大目標——看起來有型、彈奏起來順手、發出美妙的音色。

原注 8：所以，千萬不要貼上海綿寶寶的貼紙！

吉他設計的金三角——

③ 美感、彈奏性和音色

> 「需求」可能是設計之母，但「有趣」絕對是設計之父。
> ——羅傑・馮・奧克（Roger von Oech）

基礎
....
吉他設計的目標

設計得宜的吉他是好看的、彈奏手感是順暢的、音色是好的。但**優秀的吉他則是美的、彈奏手感絕佳、而且音色完美。**

這樣野心太大了嗎？沒錯！但如果不是夢想中的吉他你還會想要嗎？

美感、彈奏性和音色是涵蓋多項吉他設計要素的三大群組。請注意，是這不是目標，也不是設計的特色，而是我們必須控制的具體元素：目的、形狀、技術、配件、和材料。

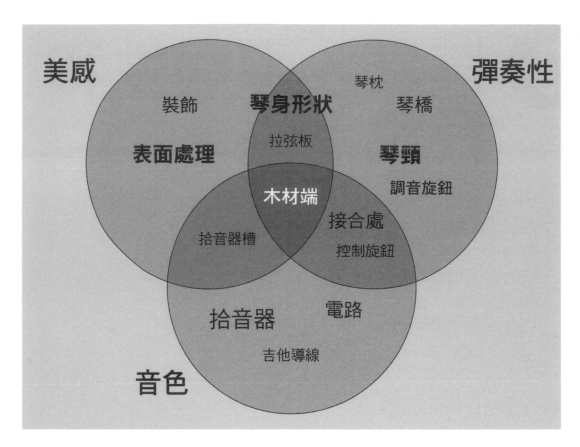

吉他設計的要素

影響彈奏性的關鍵是琴頸（包含指板）。其他因素還包括吉他的設定，但這不算在吉他設計的階段中。

表面處理可能會影響電吉他的音色，但我無法靠耳朵直接判斷出是哪一種表面處理的方式造成的。耳朵可以判斷拾音器、或者延音的好壞，因此拾音器和琴頸接合處都是影響音色的因素。

需留意控制旋鈕和電路的差異。控制旋鈕是彈奏者與樂器行為（音量、音色、平衡等）的介面；電路則是實際執行這些行為的技術（電位器、開關、導線等）。

所有的構件多少都會對美感有所影響，但僅有幾種因素會劃分在美感的群組中。使用好看的零件比較算是採購層面而非設計層面的決定。美感群組所涵蓋的是那些能夠反映出創意的因素。

你對這些要素有不同的見解或排列嗎？沒問題，上述的建議只是給你一個基本的想法而已。

影響最全面的要素：木材

你是否注意到一件有趣的事？只有一個要素會影響所有的參數：木材。它的紋路會影響美感、勁度會影響延音（因此會影響彈奏性），密度則會影響音色。但木材不應該被認為是萬靈丹：因為它對於每一項參數的影響都是相對的。所有的要素都很重要（上圖的字級大小可看出相對的作用）。任何一個環節沒有做好都會影響整體的品質。

進階

吉他設計的優先順序

不同的設計會反應出不同的目的。有些吉他看起來很壯觀，像是艾斯‧富利（Ace Frehley）的smoke-shooting Les Paul或是吉恩‧西蒙斯（Gene Simmons）的斧頭形貝斯。這些設計通常都是為了舞台效果，不需要考量日常的實用性。

有時候為了達到特定的視覺效果，設計上也會有些犧牲，像是史提芬‧范（Steve Vai）的心形吉他，這把吉他不可能多輕，因為它的巨大尺寸使然。除非使用超輕的木材，但又可能會引發斷裂的風險。而使用「航太材料」這種超輕材質來製作的話，造價不斐又是另一個問題了。

有的樂器是把人體工學放在第一優先考量。它們的形狀很不尋常，我們也必須承認它不一定會好看，因為在此注重的是彈奏時的舒適性。方便攜帶也可能是優先考量，這種吉他會在尺寸上下功夫，有可能需要一些特殊的技術才能將琴頸折起來或拆卸下來。

簡而言之，任何優先考量都可以做為設計的起點，但不論一開始的設定是什麼（重量、材料、成本等），都將會影響後續的設計。

關鍵的設計要素：琴身形狀

在所有列出的設計要素中，「琴身形狀」最為關鍵：
幾乎所有本書介紹到的設計都偏好在琴身形狀上做變化。

● 琴身形狀是樂器最主要的個性。Les Paul 之所以是 Les Paul，就是因為它特有的形狀，而不是其他形狀。

● 幾乎所有的零件都安裝在琴身上；包括表面處理和主要的裝飾元素。無琴頭吉他甚至連調音旋鈕都安裝在琴身上。

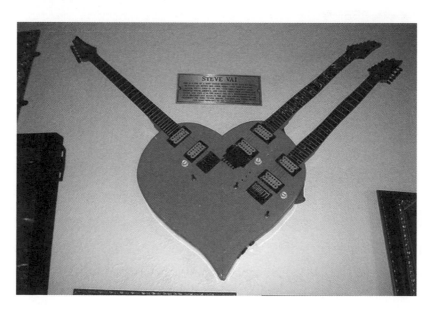

想像這把琴的琴箱模樣！
（Steve Vai 的心形吉他，存放在奧蘭多 Hard Rock Café 店內）
圖片來源：Keith Homel

● 人體工學建立在良好的琴身設計上。

● 琴身形狀能夠凸顯出演奏者的個性和視覺效果。

● 電吉他設計的樂趣在於可以恣意地設計不同形狀的琴身。

● 琴身最能夠反映製琴師的品味。

什麼是好的吉他音色？

人的一些感受是很容易表達的，例如當我說「暗紅色」或「橄欖綠」時，你可以清楚知道我要表達的顏色。觸覺也一樣：冷、熱和柔順等。有關音準或聲響的聽覺也是，即使你沒有絕對音感（「是的，我想這是一個很大聲的 C 小調」）。

形容音色可就沒有那麼容易了，因此我們從其他感知上借用很多形容詞來描述：溫暖、尖銳、高、低、乾、清晰等。現在，我們就盡可能地用客觀的形容詞來描述吉他的音色，一把音色好的（電或其他）吉他應該具備下面條件：

● **出力**：音量、穿透性、飽和度（振幅）。在電吉他中，這些特徵與擴大機較為相關，而非吉他本身。

● **廣泛的動態響應**：基本頻率的相對表現和泛音；撥動一條絃，但整個樂器都會有反應。

● **多元性**：你能夠只憑藉調整吉他的控制旋鈕（或是你的態度）彈奏出藍調、搖滾、爵士或古典的多元曲風嗎？

● **反應速度**：當演奏者做出技巧變化時，吉他聲音的反應速度能有多快。

● **延音**：一條弦被撥動後能持續震動的時間長度。將於第 12 章討論。

● **音質**：聲音的質地。即使彈奏的是同一個音，也能分辨出是小提琴還是笛子。這是一種主觀的聲音認知，它結合了聲音的各種物理成分，也就是聲音的身分。

● **個性**：有辨識度的聲音造就有辨識度的吉他，聲音的個性來自於音色與相對應吉他之間連結性。

● **平穩性**：所有琴弦在其餘的參數當中都能產生出協調的反應。

琴身會影響音色嗎？

在《史特拉底瓦里琴的秘密》（The Mystery of the Stradivarius）這部紀錄片中，來自義大利克雷莫納（Cremona）的聲音物理學家安德烈・艾俄里歐（Andrea Iorio）解釋說：

有人能從小提琴的音色來判斷它的形狀嗎？光聽蒙上一層皮的鼓聲你能聽得出來它是圓形還是其他形狀嗎？我們十年的時間才能用科學來回答這個問題。答案是「不行」。你無法透過聲音的分析——無法靠主觀的音質解讀來解構樂器的起源和形狀。

兩種形狀不同的樂器可能發出相當類似的音色；同樣的，形狀相似的樂器也可能發出截然不同的音色。這種認為小提琴有幾種最獨特且理想形狀的說法其實並不合理。你現在還會認為一把靠電磁方式發音的電吉他，它的音色與形狀有什麼關聯嗎？我可以毫不猶

豫地說「完全無關」，就算運用最先進的科技都看不出來。

就算你說上述言論使用了回推法（由聲音回推形狀）而不是因果法（由形狀影響聲音），但即使形狀多少會影響聲音，其他因素對音色的影響其實更大。

以前我總以為只要買了最頂級的拾音器就能讓吉他發出好的音色。現在我知道這只對了一半，因為吉他的音色和許多因素都有關係。好的拾音器能夠傳遞好的聲音，就像一支好的麥克風能將歌手的優美音色傳遞出來一樣。但如果歌手的音色不好，就算全世界最好的麥克風也無法改變什麼。

影響電吉他或電貝斯音色的因素

除了拾音器之外，還有許多會影響實心樂器音色的因素（不按順序排列）

► **擴大機**：科技方面（真空管還是電晶體？）、品質、設定等。
► **效果器**：主要用來改變吉他訊號，進而改變音色。
► **電路中的電阻**：電路中有多少電位器，它們的數值和配線等。
► **電容器的設定**：不只音量，音色也會因為電容器設定的最大值而產生不一樣的音色。
► **構造的類型和品質**：琴頸與琴身是用什麼接合方式？琴橋與琴枕的品質等。
► **吉他弦的品質、規格和狀態。**
► **導線的品質和長度。**
► **木材的勁度和密度**：使用比較脆、薄、硬的楓木，還是較軟、厚、緻密、「較柔滑」的桃花心木？
► **琴格的材質**：或沒有琴格。
► **琴身**：多大？多厚？。
► **琴身凹槽的尺寸**：吉他琴身內的空心空間會產生類似「半空心吉他」的音色特徵。
► **設定**：有雜音嗎？琴弦會太靠近拾音器嗎？

影響音色的因素當然不止於此，我們會在接下來的……一百八十頁中繼續討論。

檢核清單
···
定義你夢想中的吉他

在這個階段，你只需要先認識這些考量因素，後面我們會再把這些因素轉變為設計的方向。

► 先想一下樂器的用途。例如，它是練習琴、表演琴、或者身兼二職？什麼樣的表演？
► 你要用這把吉他演奏什麼類型的音樂呢？重金屬、東歐猶太傳統音樂（Klezmer）、藍調？或是一把能涵蓋多元曲風的吉他？

哪些是古他設計必不可少的特徵？選擇如下：

● **美感**：通常這是是舞台表演用、有紀念性、或收藏型樂器的重點，如果這也是你的重點，那你可能會對本書的第 2 篇〈美感〉特別感興趣。

● **彈奏性**：如果吉他的觸感和手感對你來說比什麼都重要的話，那第 3 篇〈彈奏性〉就會是你必讀的章節。

● **音色**：如果你夢想中的古他講究的是絕佳的音色，那第 4 篇〈音色〉就是為你而打造。

● **成本**：成本對你來說有多重要呢？「最貴的」並不一定等於「最好的」，但是好的品質會影響成本。這裡的「成本」不單單是指金錢，還有所有需要投注的時間和努力。第 5 篇〈零件、材料和表面處理〉包含了一些不錯的想法，以及關於生態、木材、和各種表面處理方式的選擇。

● **攜帶性**：對經常需要旅行的人來說，好攜帶的樂器能大大加分。重量、尺寸、形狀、和材料都必須謹慎選擇。

● **以上皆是！**：如果你想打造一款全新的經典吉他。很好，請好好享受接下來的內容吧。

第二篇

美感

4：琴身設計（平面設計圖）

吉他的特色、風格、人體工學……都與琴身有很大的關係。琴身形狀是設計時最重要的一環。這一章我們將討論外觀上的尺寸特徵，以及如何運用在琴身設計上。

5：琴頭設計

琴頭的形狀會因為調音旋鈕的排列、數量和吉他的美學概念而有所不同。這一章我們將討論結構上的特色（角度和接合處）。

照片來源：Dieter Stork

照片來源：Dieter Stork

4 琴身設計（平面設計圖）

- 如何設計經典和突破之作
- 吉他設計的模板與指引
- 琴身：平面設計的考量
- 平面的原型

「她的許多部位都帶著迷人的曲線，而其他
女人連這些部位都沒有。」

——匿名

吉他琴身：平面設計的考量
如何設計經典？如何設計原創？

　　創意總是靈光乍現，但最初迸發的設計概念需要經過時間醞釀，才能成形。就讓我
們將所有的可能性都羅列出來，讓他們各自找到最好的發展方向。次頁圖表以兩個大方向
來分類電吉他和電貝斯的琴身形狀，縱軸代表吉他型制的凹凸性，橫軸則代表吉他線條的
彎曲或筆直性。這樣的分類方式可以囊括所有吉他形狀，從圓弧到銳利的尖角、從極簡到
複雜。

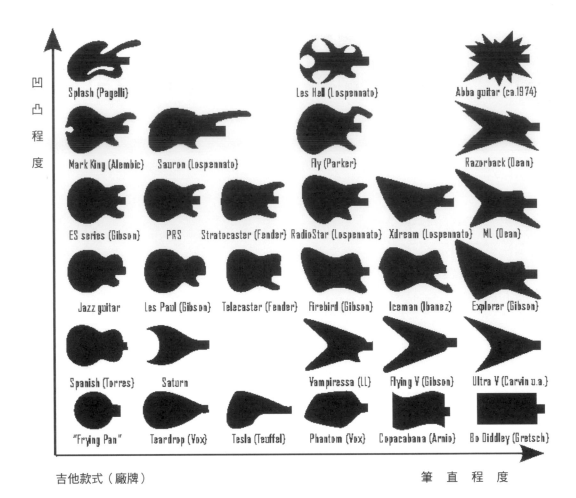

凹凸程度

Splash (Pagelli)　　Les Hell (Lospennato)　　Abba guitar (ca.1974)

Mark King (Alembic)　Sauron (Lospennato)　Fly (Parker)　Razorback (Dean)

ES series (Gibson)　PRS　Stratocaster (Fender)　RadioStar (Lospennato)　Xdream (Lospennato)　ML (Dean)

Jazz guitar　Les Paul (Gibson)　Telecaster (Fender)　Firebird (Gibson)　Iceman (Ibanez)　Explorer (Gibson)

Spanish (Torres)　Saturn　Vampiressa (LL)　Flying V (Gibson)　Ultra V (Carvin u.a.)

"Frying Pan"　Teardrop (Vox)　Tesla (Teuffel)　Phantom (Vox)　Copacabana (Arnio)　Bo Diddley (Gretsch)

吉他款式（廠牌）　　　　　　　　　　　　　　筆　直　程　度

　　在上圖中愈極端的位置，吉他看起來就愈有突破性。可能有許多凹凸處，可能有許多的曲線，也可能完全沒有。突破的設計就是這樣來的。但如果採取中庸的設計，琴身沒那麼凹凸有致，看起來就會比較「傳統」。這也是為什麼經典的吉他款式會落在圖的中間，而突破的款式會較靠近兩側的原因。（西班牙吉他在這裡被歸類為「原創性」強的款式，因為這種造型的電吉他也滿讓人意想不到的！）

　　這張圖並不是最完整的；相反的，每一種形狀其實都還有其他的特徵。當然也可以激發完全相反的設計，例如將琴頸裝在 Stratocaster 琴身的另一端，就能得到凹凸和線條型制相同、但又創新的 Strat 了。

　　極端的琴身形狀還有其他要注意的地方。通常形狀特殊的琴身比較無法符合人體工學，那些位在圖右上方的吉他，看起來跟實際彈奏起來應該都不舒服。最有冒險精神的，非「阿巴合唱團」的吉他莫屬了，它的線條和凹凸性都最為極致。製琴師當時一定是想要幫這幾位來自瑞典的年輕人搶得 1974 年歐洲歌唱大賽[9] 時眾人的目光吧。

原注 9：阿巴合唱團（ABBA）的服裝設計師和製琴師心裡想的應該是同一件事，不論如何都要讓他們成為當年的最大贏家。

第一張草圖

　　通常我喜歡從吉他琴身的左下方弧線（演奏者倚靠手臂的位置）開始，沒有特別的原因。再來我會輕輕地描繪出琴身的輪廓，我會左塗右擦重畫個數百次，直到找到讓人滿意又平衡的線條為止。別讓一些理性的規範限制了這個階段創作的流暢度，就讓筆觸自由揮灑。只要有必要可以一直重畫，這是注重創意的片刻。我通常花很多時間來設計琴身，第一是因為我最喜歡這個過程；第二是因為我是個完美主義者。我會不斷地修正極小的差異，這些差異可能小到連顯微鏡都看不出來。但讓人欣慰的是，當個追求完美的製琴師應該不是件壞事。

設計模板：千年的智慧

　　美感的營造沒有制式的配方，但是某些美的特徵還是可以用尺寸來量化（對稱性、比例、平衡等），因此我們可以利用一些幾何的參考架構來做為我們發想創意的基礎。

魚形橢圓

　　Vesica Piscis 在拉丁文中指的是「魚的膀胱」，這是一種古代的神聖象徵。它由兩個弧度相同的圓形所組成，這兩個圓的圓心剛好都與另一個圓的圓周相交，因此產生很強烈的連接性，這是古代樂器製作者為了追求完美，而以這樣的完美圖形為基礎來創作的結果。圖形的中間部位被認為是人間和天堂、或說是物質和精神的交會處。它是完整的象徵。中間的魚形線條為古基督教符號，代表基督和聖徒的意思。這個形狀不僅運用在樂器

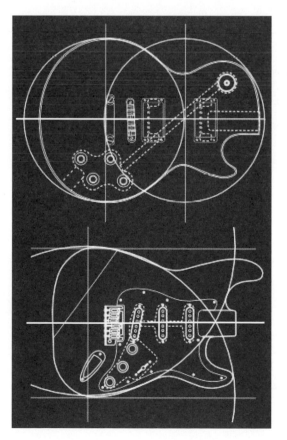

上，全世界的建築物也都受到它的影響。據說這個概念也被運用在小提琴或魯特琴這種「淚滴」形狀的樂器上。雖然這是最基本的配置方法，但它能幫助我們掌握琴身的對稱性、平衡感、和比例。

　　這對電吉他設計有幫助嗎？當然，至少在初期設計階段。

　　Les Paul 和 Stratocaster 當時在設計時也運用這個方法嗎？很難說，但看看這個圖形和它們的琴身弧線結合得多完美！請留意，魚形橢圓分別被兩款吉他垂直地和水平地使用。

黃金比例

暢銷小說《達文西密碼》中提及的黃金比例（golden ratio），從古希臘時代至今已經沿用了超過千年。這個比例代表的是兩條線段的關係，其中一線段比另一線段個大 1.618 倍。不可思議的是，自然界的許多物體中都存在這樣的關係，完全不是偶然。因此，使用這個比例的吉他也會給人自然且符合期待的感覺。下圖可以清楚看到 Les Paul 和 Stratocaster 均完全符合黃金比例。仔細看看 Les Paul 的琴橋位置，以及 Stratocaster 琴身寬度與長度那精準的黃金比例。

這是刻意的嗎？製琴師在設計這些經典吉他時也運用了黃金比例原則嗎？這我也不知道，我測量了幾款自己設計的幾把吉他（下圖第二排），發現他們也完全符合這樣的比例，但我當時並沒有刻意地使用這個比例！

黃金比例可以當做第一次設計琴身時的參考，也可以搭配前頁提到的魚形橢圓一起使用。

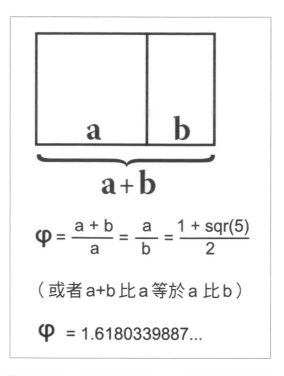

$$\varphi = \frac{a + b}{a} = \frac{a}{b} = \frac{1 + \text{sqr}(5)}{2}$$

（或者 a+b 比 a 等於 a 比 b）

$$\varphi = 1.6180339887...$$

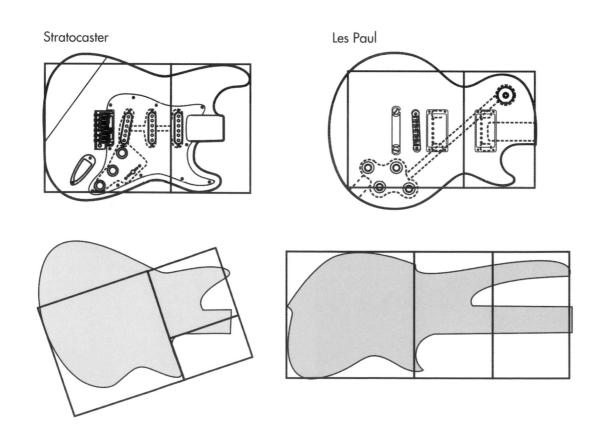

Stratocaster

Les Paul

吉他設計模板

　　不同於前面的例子，這是專門適用於吉他設計的模板。將琴身和琴頭畫在特定的區域內，可以確保這兩個元素之間會成相對的比例。虛線部分則引導出最適合的琴腰、上下琴角和切角的範圍（參考下圖）。

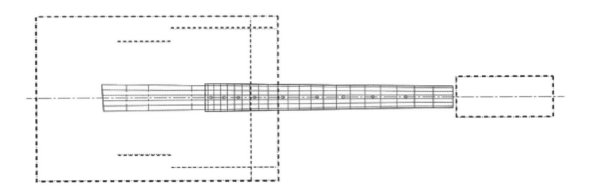

　　上琴角的邊緣剛好與指板的第十二個琴格切齊，這是取得平衡的一個很好的經驗法則（詳見第 6 章〈人體工學〉）。此範本可從 www.gitarrendesign.de 網站的下載專區免費下載（網站提供英文版和德文版）。

琴角的線條設計

　　我想跟各位介紹一種技巧，在我的經驗中，它能有效地提升視覺平衡。以下面幾種琴身為例，吉他琴角的線條都會延伸貫穿琴身或琴頸。

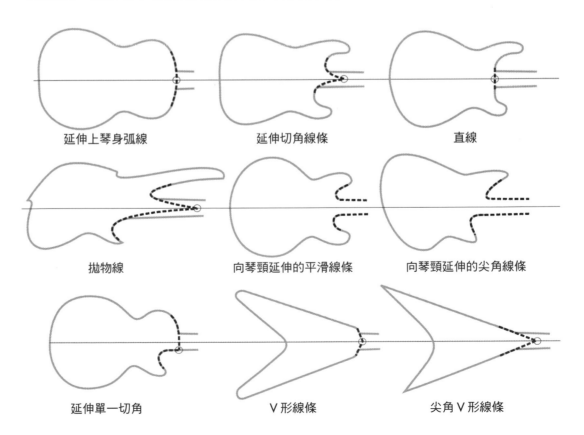

延伸上琴身弧線　　　　延伸切角線條　　　　直線

拋物線　　　　向琴頸延伸的平滑線條　　　向琴頸延伸的尖角線條

延伸單一切角　　　　Ｖ形線條　　　　尖角Ｖ形線條

請留意，這些琴角都不是從琴身直接冒出來的，而是上琴身和（或）切角的延伸。延伸出去的線條不論彼此交會或平行，或以一種合理的方式相交，都會使得設計更具延續感。這裡我刻意忽略一些看起來多少「不太連接」的失敗案例。

平面的原型

我非常建議在設計的過程中將「原型」製作出來。就算這個原型只是從硬紙板上剪下的吉他形狀都可以，這樣做的原因是：
● 節省真正製作吉他時所使用的材料。
● 幫助你檢視琴身是否符合「人體工學」（你可以假想這是一把真的吉他，去感受一下將它背在身上的感覺，同時測試彈奏高把位和控制旋鈕時的舒適性）。
● 有必要的話可以直接站在鏡子前調整琴身的尺寸。

檢核清單
....
設計絕佳的琴身

● **運用設計模板來確保良好的比例**，但也別被這些規則侷限了你的創意。
● **重新詮釋經典。**如果你想要參考市面上的經典名琴（例如 Explorer 或很有型的 Jaguar），你可以先畫出該吉他實際尺寸，確保你設計的尺寸和它一致。由於你已經知道參考吉他的弧度在什麼位置，你可以由此延伸出新的變化。除了可以在網路上找到許多吉他的實際尺寸圖，你也可以直接將吉他描繪在紙上。
● **不要只使用一種繪圖媒介**，鉛筆和電腦繪圖可以達到相輔相成的效果。
● **原型打樣！**在厚紙板或膠合板上切割出吉他的形狀，想像背起來和坐著彈奏時的感覺，是否舒服？放在腿上的感覺如何？有辦法輕鬆彈奏每一個把位嗎？找出所有需要修改的地方。
● **細節修正。**把草圖掛在牆上，任何你在床上、沙發上、或桌上都能隨時看到的位置。你將發現需要修改的弧線，幾天後可能又會發現上琴角的角度需要調整，一點一滴地調整。但永遠要保存好第一張草圖，如此一來你會愛上這個演進的過程，甚至需要重新來過也不一定。

這段過程會持續好幾天，直到你找不到任何需要再修正的地方為止。**此時，你的新吉他琴身輪廓就出來了。**

❺ 琴頭設計
（或無琴頭的設計）

- 琴頭的功能
- 琴頭的形狀、尺寸和角度
- 調音旋鈕配置
- 品牌元素：品牌標誌和張力桿罩的設計

湯匙男孩（用意志力折彎了一根湯匙後）：
「不要試著折彎湯匙。因為那是不可能的，
要了解的應該是其真相。」
尼歐：「什麼真相？」
湯匙男孩：「根本沒有湯匙。」
尼歐：「根本沒有湯匙？」
湯匙男孩：「然後你會發現，彎的不是湯匙；
而是你自己。」
　　　　——《駭客任務》（華卓斯基，1999）

基礎

琴頭的功能

琴頭（又稱「琴栓」或簡稱「頭」）主要有兩個功能

- **結構功能**：它是支撐調音旋鈕的部位。
- **美觀功能**：琴頭的設計幾乎和琴身一樣重要。

同樣的，經典琴款可以幫助我們比較它們之間的設計差異（都是好設計）。

Stratocaster 的琴頭將六個旋鈕排列在同一側，Les Paul 的琴頭則是左右兩側各三個旋鈕。Stratocaster 的琴頭變成一種經典設計，這幾十年來有許多吉他採用相同或類似的琴頭設計。

Stratocaster 的琴頭相較於琴頸，並無任何角度，這不僅顛覆了當時的電吉他設計，同時也顛覆了所有弦樂器的設計原理（例如魯特琴的琴頭向後傾斜 90 度）。這樣的設計非常適合大量生產，因為整支琴頸加上琴頭可以直接用一塊木頭來裁切，廢料也較少。有角度的琴頭必須使用更大塊的木頭才能一起裁切，會比較浪費材料，或者必須分別從兩塊木頭裁切出琴頭和琴頸後再相互接合，但是製作時間會增加。

Stratocaster 的琴頭類似於小提琴弦軸箱和琴頭的平面形狀，在十九世紀晚期的一些吉他上開始有這樣的設計。這種做法具有原創性、簡單、賞心悅目，而且是該品牌最主要的特色，堪稱琴頭設計的典範。

相較於 Stratocaster 的琴頭，Les Paul

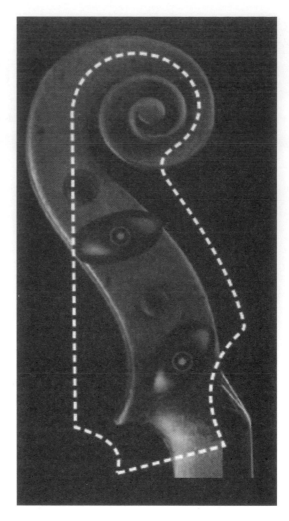

Stratocaster 的琴頭：重新演繹了小提琴琴頭這一項經典設計。

的琴頭就完全不同。它的琴頭向後傾斜，調音弦鈕位在琴頭的左右兩側，是比較傳統的設計。Les Paul 琴頭上方的線條看起來像是一本翻開的書（或像是八字鬍），這個特徵由 Gibson 註冊，幾十年前跟 Ibanez 還有過一段訴訟歷史呢。

琴頭形狀

有些廠牌會將一樣形狀的琴頭套用在他們的所有產品上。從生產的角度看來是很有效率的做法，同時也能提升品牌的辨識度：看到琴頭就知道是哪個品牌。但也因此犧牲掉生產線上不同吉他的視覺個性。彈奏不同曲風的吉他（鄉村、搖滾、金屬、半空心吉他、簽名琴）所用的同一種琴頭帶有中性的感覺（例如右頁圖中的 Warwick 和 Framus）。我自己也使用同一種琴頭，因為我只設計了幾種風格相同的款式。

反例則像是 Gibson：Les Paul、Firebird、Flying V 系列等都有不同的琴頭形狀，這些琴頭和吉他的整體設計在視覺上有相輔相成的作用（右頁圖中第二橫排）。

琴頭形狀必須與琴身有很好的視覺諧調度。Les Paul 的琴頭線條雖然沒有出現在琴身上，卻與琴身有著絕佳的搭配：琴頭就像琴身一樣優雅。Flying V 則不同，它的 V 形琴頭不僅強化、更呼應了琴身原創的 V 形，搭配得絕妙。

哪一種琴頭最具原創性呢？當然是最多（或最少）凹陷和直線條的那幾種！Parker 的琴頭被認為最為極簡。它的琴頭用料少到差不多只能安裝調音旋鈕和少許其他配件而已，頗具現代感又優雅。雖然它不如一般的琴頭堅固，用力摔落可能比較容易裂開，但它的琴身極輕，因此可以避免重摔發生的機率。

琴頭的尺寸

- ▶ 尺寸：應與吉他的其他部位有合理的比例，不宜太大或太小。
- ▶ 長度：整把琴的長度不要超過 39 英吋（990 公厘），否則會無法放進琴袋或琴盒中；琴頭的長度須將整把吉他的長度一起考量進去（可以確保比例合宜）。當然也要有足夠的空間安裝調音旋鈕，後面將有更多討論。
- ▶ 厚度：標準厚度為 5/8 英吋（大約 16 公厘，預留 1 公厘的表面處理空間），符合大部分調音旋鈕的需求。

Telecaster

Strat standard（標準款）

Strat CBS（哥倫比亞傳播公司款）

Firebird

Les Paul

Flying V

PRS

Rickenbacker

Artcore

ESP

Ibanez

Jackson

Framus

Warwick

Lospennato

Parker

Floyd Rose

Dean

琴頭的角度

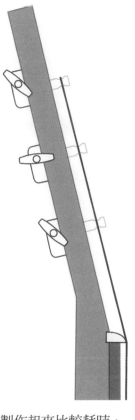
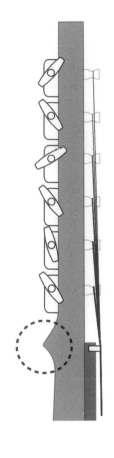

　　Les Paul 的琴頭向後傾斜 13 度。琴頭角度愈大，琴枕處的琴弦轉折角也愈大；轉折角愈大，琴弦在琴枕弦孔中的固定效果愈佳。有助於延音效果的展現。

　　傾斜琴頭的另一項特色是，琴弦從側面看時會在同一個平面上。右圖中，Les Paul 琴頭上的琴弦皆在同一平面上，Stratocaster 的每一條琴弦則有不同的角度。Fender 風格的琴頭通常需要琴弦固定器來增加琴弦的轉折角度，才能使琴枕上的琴弦更加牢固。

　　琴頭的最佳角度應設定在 13 ～ 15 度之間。雖然還是能小至 11 度或大至 17 度，但都是屬於比較特殊的案例，也可能換來脆弱度的問題。當吉他重摔或平放時，傾斜的琴頭比較容易斷裂。

　　提升琴頭與琴頸接合處強度的方法，是在接合處加裝一個結構強化凸出物（voluta，源自拉丁文 voluta 捲曲之義，參考上圖 Fender 琴頸用虛線圈起來的部位）。強化凸出物不僅能提升接合處的結實度，據說也能減少振動、改善延音。但最主要的功能還是減少琴頭斷裂的機會，常發生在 Les Paul 這類較重的吉他上（Les Paul 沒加裝強化凸出物）。但請記得，這並非廣泛使用的方式，因為製作起來比較耗時、有些人不喜歡它的外觀，有些吉他手甚至會抱怨在彈奏第一個把位時，此一設計會干擾拇指的動作。如同其他所有的設計決策一樣，在使用強化凸出物之前必須事先考量到各個層面。

　　最糟的狀況：脆弱的琴頭可能是因為六個旋鈕都安裝在細長琴頭在同一側、琴頭角度極大、無凸出設計、所有零件都附加在單薄的琴頸上而琴身卻很重。

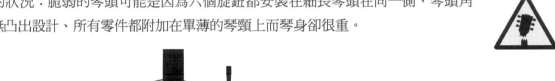

標準的吉他琴頭角度：

0º：所有 Fender 型號

4º：Guild 廠牌

13º：Peavey 廠牌和 Warmoth 廠牌

14º：Gibson Firebird、Explorer、Washburn、
　　　Gibson 型號中大部分 Epiphone 的低價複製琴

標準的貝斯琴頭角度：

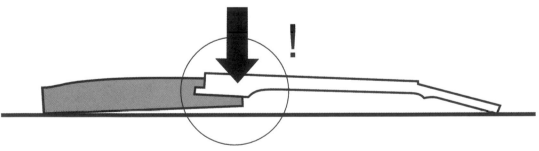

0º：所有 Fender 型號

10º：所有 Gibson 貝斯

12º：Yamaha SBV

14º：Epiphone

琴頭接合處

Fender 的琴頭（0 度）是從琴頸延伸出去一體成形的。有傾斜角度的琴頭通常接合在琴頸上。以一塊木材製作的琴頭很容易斷裂（詳見下圖 1），因為木材紋路較短的部位是琴頭最脆弱的部分。

下圖 2 是利用嵌接方式來連接琴頸和琴頭。與琴頭表面平行的木材紋路有抗振的效果。同時也要留意，做為琴頭的同一塊木材是如何構成結構強化凸出物。

圖 1

圖 2

琴頭的琴弦配置

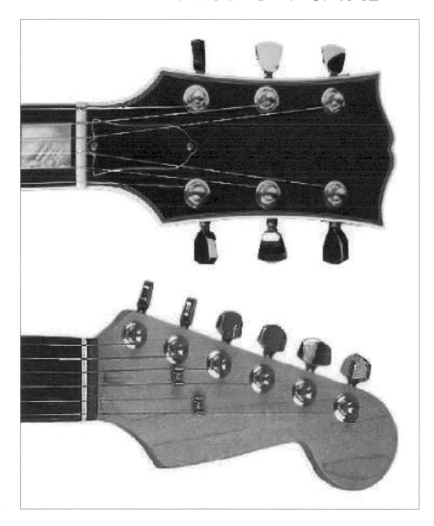

琴頭的琴弦配置是指琴弦從琴枕延伸至調音旋鈕的分布形式。Les Paul 的琴弦配置不是平行的：它們從琴枕向上延伸成兩組。分開的琴弦路徑讓琴頭形狀的設計更加自由，但可能會增加琴枕上不必要的壓力。琴弦分隔的角度過大也會衍生其他問題：琴弦角度愈大，琴弦施加在琴枕弦孔壁兩側的力道也愈大，容易使琴弦從弦孔中彈出。

相反的，Stratocaster 琴頭上的每一根琴弦在跨過琴枕後會相互平行。設計這一種琴頭，首先要設定好調音旋鈕的位置，接著才設計琴頭形狀，最終要能讓所有的琴弦保持平行。因此，琴頭可能會被侷限在帶有尖角或多少呈三角形的造型。

如果你是完美主義者：想確保琴弦呈現完美的平行關係，在定位調音旋鈕時可以同時考量琴弦的粗細。

不同的琴弦配置方式：Les Paul 的琴弦分成兩側，Stratcaster 的琴弦彼此平行。

進階

調音旋鈕的配置

（1）分配

如果你對琴頭形狀已經有清楚的想法，就調音弦鈕和其他零件來說，你只需要找到最佳的配置方式。

但如果你想要從頭設計出一個以功能為優先的琴頭（形狀次之），就必須先做下列兩個決定：

首先是調音旋鈕的配置（3+3？6個都在同一側？或4+2等）；可以依照你的喜好和吉他的風格來設計。

► 3+3（在貝斯上則是2+2）的配置適合比較保守、經典的款式（爵士、鄉村、單切角琴身、半空心吉他）。

► 成一直線的旋鈕配置適合比較有現代感的吉他，因為這樣的琴頭通常會比較長、較有個性。

► 其他的組合當然也可行（例如4+2或貝斯的3+1）。但因為通常不會有剛好一組的調音旋鈕，你可能需要分開購買才能做出這樣的組合（多半都是左右各三個的組合）。

調音旋鈕之間要有足夠的距離才不會互相干擾。確切的間距會因為不同的調音旋鈕而有所差異。從旋鈕中心點量測，Les Paul的調音旋鈕間距大約是1-9/16英吋（40公厘），Stratocaster則是1英吋（25.4公厘），這大概是能達到的最近距離了。

第二是決定上面提過的琴頭處琴弦配置方式。

（2）位置

在下頁圖中，可以看到調音旋鈕必須準確地靠在琴頭的邊緣。因此需要精準地測量旋鈕和琴頭的相對位置，才能確保旋鈕的孔鑽在正確的位置。

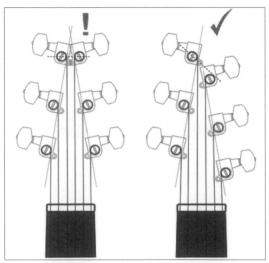

3+3 平行琴弦配置：最上方的兩個旋鈕無法靠攏，左右兩排要有約一英吋的差距。

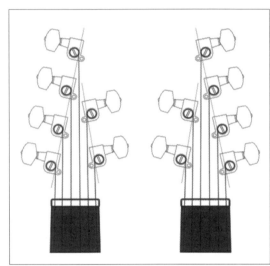

4+2 平行琴弦配置：現代感的設計，MusicMan 廠牌使用此一設計。也有右側這種 2+4 的設計，但比較不常見。

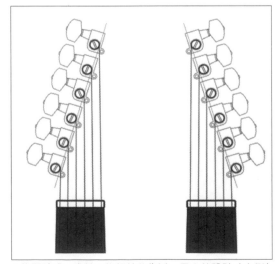

6 條琴弦成一直線：旋鈕彼此靠近。反向的設計（右側）常見於速彈派吉他手的 superstrat 吉他上。

無琴頭設計

在八〇年代，美國製琴師奈德・斯坦伯格（Ned Steinberger）研發出一項極具原創性的吉他與貝斯製作概念：所有琴弦均錨定在金屬的琴頂部件而非琴頭上，調音旋鈕則安裝在琴橋的位置。這種設計相當符合當時的時代精神，立刻受到大家的歡迎，直到現在都還是！

如果你想設計一把無頭吉他，你可能會有下列期待：

● 這個樂器幾乎能確定會有很好的平衡性
● 構造上會比較簡單（沒有琴頭接合處、沒有角度問題或琴頭接合處凸出物）。
● 必需的特殊金屬一般都會比琴橋和調音旋鈕等零件昂貴一些。

不要從 eBay 上購買品質不佳的無琴頭零件。應挑選真正的好貨。建議上 www.abmmueller.de 這個網站參考看看。

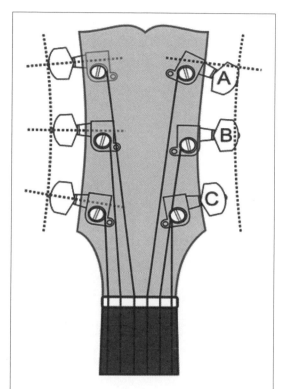

上圖中的調音旋鈕分配成 3+3 兩排式（Les Paul 採取此種方式）。左側的調音旋鈕定位正確，垂直於琴頭邊緣的弧線。右側的三個旋鈕定位錯誤，原因如下：

A：調音旋鈕並未垂直於琴頭邊緣的弧線（在貝斯上常看到，需做調整）
B：調音旋鈕太靠近邊緣。
C：調音旋鈕離邊緣太遠，干擾到旁邊的琴弦。

其他琴頭零件
張力桿罩

第 7 章〈琴頸設計〉的單元中會繼續討論，這裡先提出琴頸的筆直度和彎度（稍微向上的弧度）都能利用張力桿來微調這個概念。張力桿是一支埋在琴頸內的金屬物件。刨入琴頭內的凹槽是其中一個可以調整張力桿的部位。不意外地，這個凹槽通常會被一個叫做「張力桿罩」的零件覆蓋住，並以小螺絲固定。張力桿罩的尺寸必須能夠蓋住凹槽，但是不能太大而影響到調音旋鈕。你可以購買現成的張力桿罩，但也能運用它來展現獨特的設計感，以及置放品牌商標。

商標

商標（logo）是用來辨識品牌或製造商的圖案或符號。商標可能是單純的圖案（標誌／圖像）或結合人名或該組織的名字，通常稱為「標準字」（logotype）。

商標可以鑲嵌在吉他上（像是許多 Gibson 吉他）、印在吉他上（Fender 吉他）、或是刻在吉他上。我的商標是利用雷射切割出一片薄金屬後，再黏貼在吉他上，之後再上透明漆。

看看下列商標，試著找出他們的共通之處：

你是否注意到？

（1）它們幾乎都是用姓氏來命名。

（2）它們都使用草書，也就是類似手寫的字型。

（3）大部分都稍微傾斜，模仿簽名的效果。

（4）幾乎半數都包含 guitar 這個字。

製琴師一開始大概都會想到自己的名字來當做品牌和（或）商標，這非常可行。如果你也想這樣做，其實你已經完成一半了：找到你喜歡的字型，配上你的名字，再加點圖像元素（一些裝飾或變化開頭字母等）就完成了。如果你想設計出較有原創性的商標，你可以請教專家或自己來。注意，商標設計是一門複雜的學問，包含了美學、藝術、心理、和符號學的內涵；因此，要發想出一個被認為很好或很棒的商標，需要非常努力和經驗的累積。

次頁的網址連結至一篇網路文章〈如何避免十個常犯的商標設計錯誤〉（10 tips on how to avoid common mistakes in logo design）。第一個點出的問題就是「讓業餘人士設計你的商標」，這裡指的有可能是你自己、你的朋友、或沒有經驗的平面設計人員。

http://www.smashingmagazine.com/2009/06/25/10 - common-mistakes-in-logo-design/

如果你真的想要自己設計商標，可以參考下列網站中〈45 個最好的商標設計規則〉
（45 Rules for Creating a Great Logo Design）：

http://www.smashingmagazine.com/2009/06/25/10 - common-mistakes-in-logo-design/

在此，我想提供一些吉他品牌商標設計上的建議：

應該做的	不應該做的
● 你的吉他是重金屬、復古、未來風？商標的設計要符合吉他風格。	● 老派的品牌商標想法，例如：吉他的形狀、用六條線來代表吉他弦、高音譜記號等。
● 理想上，應該讓商標不論直的看或橫的看（吉他揹著或擺放時）都有辨識度	● 抄襲別人的商標。不只是名字（除非不幸的你剛好也姓「Gibson」），也不要抄襲他人的字型或圖案等。
● 盡可能讓你的商標經典永恆、超越當下的潮流。例如，當我在寫這本書的時候，當下的潮流是在商標上使用很多顏色。	● 設計太過複雜的商標。這樣會讓人不容易懂、太多細節也容易失焦，也不好做難度較高的刻字或鑲嵌等。
● 設計一款「好記」的商標：容易理解、容易記得、與眾不同。這是商標設計的**最大挑戰**。	● 使用太多字型（超過兩個）或太複雜的商標。辨識商標這件事可能會很煩人。
● 如果可以的話，不要在乎規則（即便這也是一條規則）。	● 擴散、「鬼畫符」般的輪廓、不夠大器、色調漸層。盡量使用清楚、一致的視覺效果。

如果你不打算設計商標，或不想浪費時間和金錢在此，直接用你的簽名當做商標就可以了。不一定要用你的真實簽名，特別是當你寫起字來跟醫生開藥單一樣看不懂的時候。使用簡單、有型的字體取而代之。這種方法看起來很優雅也很容易製作：只要用麥克筆寫上去就可以了。

要注意的是，如果你簽完名後要在琴身上塗漆，很可能會影響到剛才的簽名。這時候張力桿罩就派上用場了：直接在上面簽名，簽壞了再換一個。

檢核清單

設計絕佳的琴頭

琴頸／琴頭接合處：

在琴頭後方加上一個結構強化凸出物來加強琴頭的接合處，除非你想設計一款 Gibson 式的琴頸。

● 記得愈重的琴身會讓琴頸／琴頭接合處愈脆弱。

● 如果你想設計一款 12 條弦的吉他，建議你縮小琴頸的角度來增加琴頭的強度。

調音旋鈕的配置：

● 調音旋鈕的位置要與琴頭的邊緣保持垂直，並且距離適中。

● 調音旋鈕的中心間距至少要有 1 英吋（也就是實際距離不到 1 英吋）。在貝斯上（以 Fender Jazz Bass 為例），這段距離增加到了 1-7/8 英吋（47.6 公厘）。也可以說這段距離是從琴頭正面的兩個鑽孔中心量測出的距離。在鑽孔前，先確認一下是否為你要安裝的旋鈕預留好足夠的空間！

原創性／個人風格：

● **展現簡約與優雅**。盡量避免抄襲別人的琴頭設計，添加你的個人色彩。

● **風格**。琴頭必須符合琴身、或與琴身達到視覺互補的效果。形狀上可以對比，但這樣一來，就比較難達到琴身與琴頭的視覺協調。

● **設計你自己的張力桿罩**

● **如果你想蓋上序號**，可以蓋在琴頭的背面。

● **放上你的商標或簽名**。一定要讓你的吉他有辨識度，吉他上要有製琴師的名字。

帝國大廈形狀的張力桿罩（上方還有一架雙翼飛機在飛行！）
圖片來源：Tim Patterson

第三篇

彈奏性

6：電吉他的人體工學

本章節將探討傳統吉他和貝斯在彈奏時與身體的相關位置和限制，以及如何克服這些限制的方法。我們也會透過探討琴身的線條（特別是上琴角），來看看演奏者站著彈奏時吉他是否能維持在適當的彈奏位置。

7：琴頸設計

本章節將探討琴頸背面的形狀、角度和其他尺寸對於彈奏經驗的影響。

8：指板設計

本章節將探討指板設計對於音準、琴弦振動和延音的影響。這或許是最具技術難度的一章，同時也是對整體設計品質影響最大的一個環節。

比利‧比爾（Billy Beale）和他 1959 年的 Hollow-Body Harmony Meteor Guitar，想要彈到高把位？沒問題！

圖片來源：Phil Palmer-Kansas City, Missouri

6 電吉他的人體工學

● 站立或坐著彈奏吉他時的人體工學
● 如何設計出平衡感絕佳的琴身
● 吉他琴身：三個考量要點
● 立體設計原型

「雖然你長得很帥，但你沒有一顆真心，別
誤會我的意思，其實你還不錯，只是不能給
我安全感……」
——仙妮亞 · 唐恩《那不吸引我》專輯
（水星唱片, 1998）

人體工學的定義

　　人體工學（Ergonomics）這個名詞是從希臘文中 ergon「工作」和 nomos「自然法則」二字衍伸而來，並且從十九世紀沿用至今。其實人體工學最根本的概念早在古希臘時期（西元前五世紀）就已經出現，他們運用此概念來設計工具、工作和工作環境。

　　因此，人體工學可以說是「有關於人體與系統中元素（活動、工作環境、設備等）互動情形的科學原則」，它的目的在於改善人體安全和提高系統的整體性能。

　　我們可以將人體工學的目的分類為：

▶ **提升安全性**：主要針對長期工作中重複性的動作所造成的傷害。

▶ **提升使用的便利性**：接近、操作、以及與該物體互動的便利性。

▶ **提升舒適度**：預防系統中的人體部份（演奏者）過度緊繃或疲勞。

吉他的人體工學

當我們說到「系統中的人體部分」時，指的是演奏者本身，而吉他則是另一個部分，這兩個部分從人體工學的角度來看很有趣。因為彈吉他並不像我們在操作一般機具時會保持一個距離（例如電視），彈吉他時，人身和吉他琴身會相互倚靠、共同「振動」。

運用在吉他上的人體工學科技並不算新；傳統弦樂器的人體工學製琴工法已經有好幾個世紀。例如琴頸背面的弧度、空心吉他琴身上的琴腰（讓演奏者坐著彈吉他時將吉他靠在大腿上的弧形設計）、所有提琴樂器的琴頸角度、以及琴身表面隆起的吉他（arch top guitar）等。

電吉他和貝斯上有更多人體工學的考量，例如 Stratocaster 琴身背面的腹部斜面設計和可以靠手的面板斜角設計（舒適度考量）、琴身的切角（彈奏高把位的便利性考量）、帶有弧度的指板（改善性能）、手指休息條、銅條兩端的圓弧設計、以及站著彈奏時使用的吉他背帶等。

琴身設計：立體的考量要點

到目前為止我們都是從平面的角度（琴身輪廓）來探討琴身的設計。以下我們會將琴身視為一個量體，也就是從吉他的尺寸特徵來做討論，這對人體工學有很大的影響。

琴身正面

琴身的正面通常會採用下列其中一種形狀（請參考右圖）：
- **平面表面**：例如 Stratocaster 的琴身。
- **圓柱狀表面**：琴身的厚度不一，例如 Yamaha 的 RGX 系列。
- **隆起表面**：琴身隆起的弧度會向邊緣遞減，像是 Les Paul、空心爵士吉他、某些 Superstrat、和更多其他的款式。這個不規則的隆起弧度是為了讓琴身邊緣維持一定的厚度，並且讓中心凸起而自然導致的結果，就像小提琴一樣。
- **裝飾表面**：在琴身上雕刻圖案或一些抽象的圖形。

關於「美感」的評論是，弧形琴身的視覺效果會比平面琴身強烈，特別是經過拋光表面處理的琴身更為明顯。你覺得 Les Paul 的琴身比 Stratocaster 來得耀眼許多嗎？這是因為弧形琴身會反射出不同角度的光線，而 Stratocaster 的平面琴身只會反射出一個角度的光線。

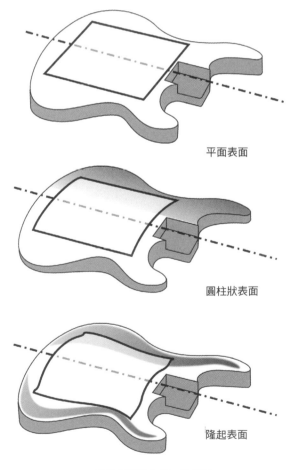

平面表面

圓柱狀表面

隆起表面

想像在琴身上放一塊手帕

琴身的邊緣輪廓

像 Stratocaster 這類圓弧形的邊緣輪廓比較符合人體工學，接觸到身體時，弧形會比有菱有角的設計（例如 Les Paul）來得舒適。

但要注意的是：弧形的輪廓無法加上鑲邊，通常也不適合有弧度的琴身表面。因此做鑲邊要選擇平面的琴身。

Stratocaster 的琴身輪廓半徑大約是 12 英吋（12.7 公厘）。Les Paul 琴身正面側邊的半徑大約是 3/32 英吋（2 ～ 3 公厘），背面側邊半徑則約 5/32 英吋（4 公厘）。

站立彈奏時的人體工學

此處將探討站立且背起吉他彈奏時的人體工學。重點是平衡，這是最基本、同時也是為了達到絕佳彈奏性必要的先決條件。

你彈過琴頸非常重的貝斯、或是一背起來琴頭就向下墜的吉他嗎？琴頸較重的吉他必須要靠我們壓弦的左手來支撐，這很容易讓手有疲勞的感覺。有些人說是因為尼龍材質的吉他背帶比較滑，而使得琴頸下墜，因此建議使用有肩墊的寬版皮革背帶。接下來，該不會還要避免穿到絲質的衣服吧？

其實問題不在於背帶，而是吉他。因為吉他的形狀而導致失去平衡感。

琴頭是造成琴頸過重的首要嫌疑犯。最糟糕的情況大概就是一把六弦、七弦或更多弦的貝斯：琴頭上多個大型的調音旋鈕讓已經很長的琴頸又再加重。但先不管外觀設計如何，琴頭最多也只是共犯而已。

琴身的重量能夠平衡琴頭的重量，因此常見的解決方式是設計一個比較重的琴身。以 Les Paul 來說，由於它的琴身通常都很重（很厚），因此平衡效果很好。但如果光靠琴身的重量去平衡整把吉他，也會有其他的缺點，像是琴頸比較容易從指板處斷裂，容易引發疲勞等問題。

那麼無琴頭的吉他呢？沒錯，這種吉他的平衡感很好，而且我真的超愛他們的形狀。但如果你彈奏的是爵士、民謠、鄉村、藍調、或其他傳統的曲風，那你可不會希望自己的吉他看起來像是杜蘭杜蘭樂團（Duran Duran）音樂錄影帶裡出現的那種[11]。

平衡這件事就好像經典的謀殺案情節一樣，最後的兇手總是你完全意想不到的那一個。**吉他平衡的關鍵點在於背帶上方扣環的位置，**而這個位置取決於上琴角的長度。總之，吉他是從這個點支撐起來的，也就是所謂的吉他支點。次頁圖例呈現的是背著吉他彈奏時的角度。請特別留意從背帶扣環處向下延伸的平衡軸線。

原注 11：這是一個頗有 80 年代味道的笑話，請享用。

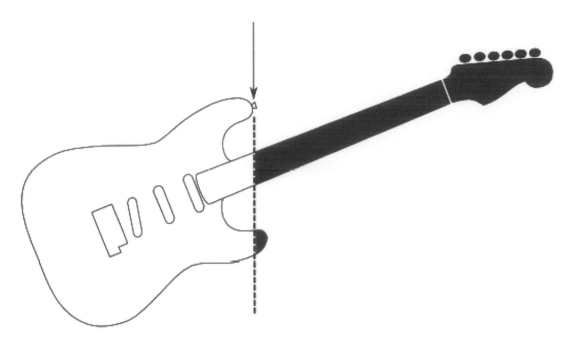

簡單來說，吉他的平衡取決於支點左右兩側的槓桿作用。圖中黑色的區塊愈大，琴頭端就愈重。以（平衡感很好的）Stratocaster 為例，它的白色部分比黑色稍重，這是一件好事。

請特別留意，這邊所謂的「重量」是一個相對簡單、圖像式的表達方式，因為我們必須同時考量槓桿作用。距離支點愈近的重量差距對平衡的影響愈小，距離支點愈遠的重量差距對平衡的影響則愈大（吉他的尾端和琴頭）。

不同形狀的吉他有什麼差異呢？我們來看一下 Firebird 的平衡情形。事實上，由於這把琴沒有上琴角，因此它的背帶扣環距離琴頭比較遠，使得黑色區塊看起來比較大。

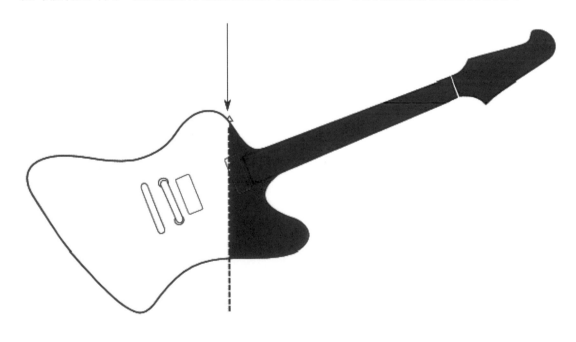

接著觀察下琴角。你可能不認為下琴角會對平衡有影響，對吧？其實不然。只要下琴角的比例相對大，黑色的比例就會增加。此外，琴頸拾音器也被劃分在黑色區域內，導致不平衡。這個問題在貝斯上更為嚴重，因為貝斯的琴頸較長，會增加槓桿效果——Thunderbird（貝斯版本的 Firebird）就是一把琴頸端較重的貝斯。

隨堂測驗！在不更改琴身形狀的前提下，你會如何改善 Firebird 的平衡？（提示：還記得前幾段提到的平衡關鍵嗎？答案在本頁的最下方[12]。）

你可以在下圖中看到不同的吉他琴角和上背帶扣環的類型（最長的就是 Stratocaster）：

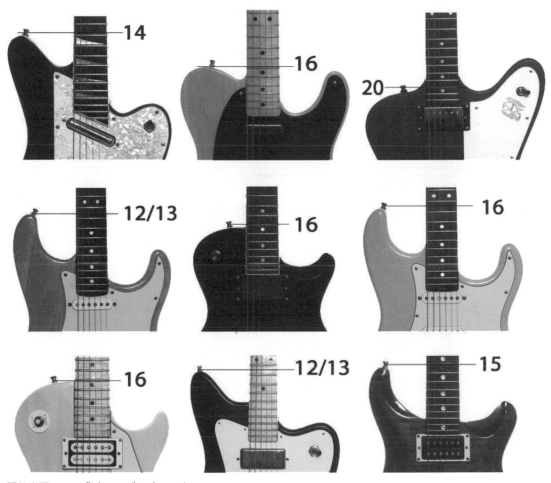

照片來源：www.flickr.com/beatkueng/

原注 12：只要稍微移動背帶扣環的位置即可。將扣環往琴頸方向移動幾公分就可以縮小黑色區塊的面積。

想要做出平衡性絕佳的吉他，建議不要設計太長的上琴角。如果上琴角太長，吉他很可能會偏離演奏者的身體：

上琴角太長　　　　　　　　上琴角太短　　　　　　　上琴角恰到好處

有些吉他或貝斯的背帶扣環會設計在琴頸和琴身的接合處，這雖然有助於吉他的平衡，但應該考慮到對人體工學的影響：每一次在彈奏高把位時都會碰觸到金屬、皮革、或是一些讓人毫無頭緒的材質。雖然不至於讓所有的演奏者感到困擾，但有些人確實會因此抓狂。

坐著彈奏時的人體工學

以下圖例表示在坐著彈奏吉他時，不同姿勢所需出力的身體部位。

坐著彈奏時，吉他和身體平行。此時吉他的琴腰靠在右大腿上，而兩隻手臂都需要稍微出力。這種「牽一髮而動全身」的狀態到最後會引起肩膀和手臂的疲勞感。

將吉他放置在左腿上則會讓情況更糟。因為左手臂幾乎要完全伸展才能彈奏到低把位，彈奏的手和肩膀都承受著壓力。

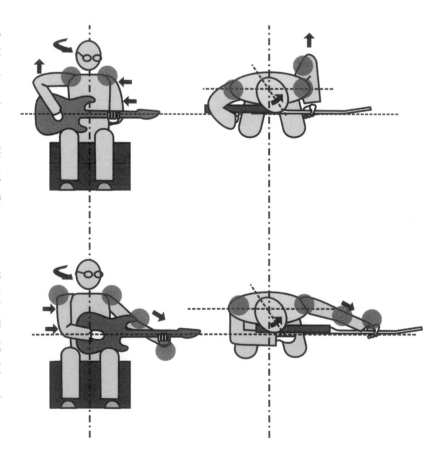

吉他傾斜時能夠改善左手臂的情況，但肩膀仍舊不太舒適。因為手臂必須完全懸在空中。

將上身轉個角度有助於右手的放鬆，因為右手不需包圍著吉他琴身太多。但是演奏者要旋轉自己的腰部，腿部也需要適當地調整。

讓吉他、而不是身體傾斜的姿勢比較常見。但是左肩的肌肉必須將左手支撐在空中，而且久了身體也會不自覺地向前彎曲。

讓吉他稍微傾斜的姿勢比較「自然」（但你看出困難點了嗎？）

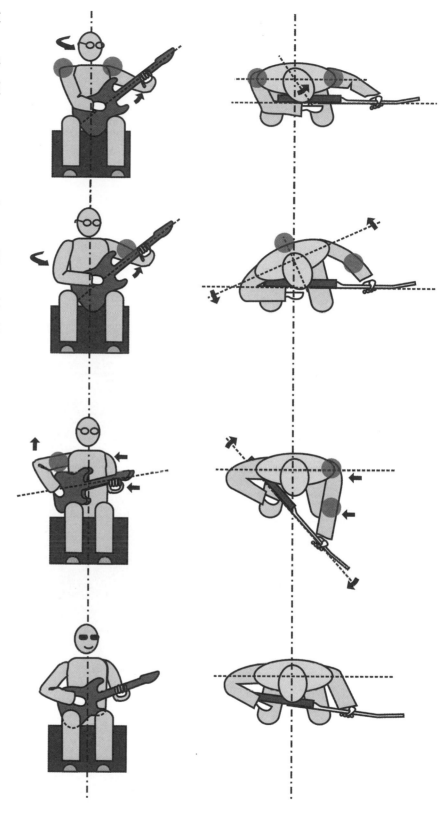

以上圖片的靈感來自李克・吐恩（Rick Toone）製作的《Dove Hip Hole》影片，你可以上 youtube.com 觀看。圖片經過當事人同意後進行重製。李克是人體工學設計的專家，請參考 www.ricktoone.com

這個「理想」姿勢的問題是（前頁的最後一張圖）：不可能達成。至少傳統的電吉他無法做到這樣大腿和琴身剛好重疊在一起的姿勢。

電吉他的琴身形狀通常類似於西班牙吉他（上琴身加上下琴身形成女性身體的弧度）。然而，實心電吉他的音色與形狀間的關係甚小，因此能夠設計出擺放在任何一隻腿上都舒適、彈奏者坐著也能放輕鬆演奏的吉他，如下圖這把吉他原型一樣。為了改善人體工學而做一些修正時需要特別小心，很可能在你認為已經改善一個問題之後又衍生出其他的問題。

人體工學的改善

我們要如何知道哪些人體工學的特色是有幫助的呢？首先，它至少須滿足任何一個我們先前提到的人體工學目的（安全性、舒適度、使用便利性）；再來要能提升「演奏者／吉他」這個系統的效能——特別是演奏者這一部分。

因此我們必須從彈奏性（也就是舒適度、使用便利性）和下列幾點的角度，對新的設計進行綜合評估：

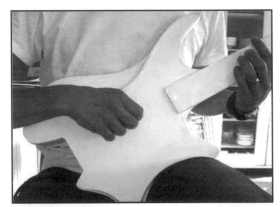

- **美感**：由於我們對吉他的審美觀通常都受到既有吉他款式的影響，因此要設計出符合人體工學又兼具美觀的吉他確實會是一大挑戰。

- **操作性**：例如，方便將琴身靠在右大腿上的凹入設計可提昇舒適性（如右圖），但會限制吉他的電路空間。吉他的控制旋鈕區域會被縮減或甚至更換位置。

- **攜帶性和收納**：傳統的吉他琴盒、角架、和掛勾可能都不適用；非傳統的琴身也會需要非傳統的配件。

- **音色**：基本上音色和空心木吉他比較有關係，因為空心吉他的琴身形狀會影響其聲音響應。但無論如何，對實心電吉他影響也必須考量進去。

- **彈奏性本身**：舉例來說，想像為了提升膝蓋的舒適度而切去下切角，但可能又會阻礙了高把位的彈奏。

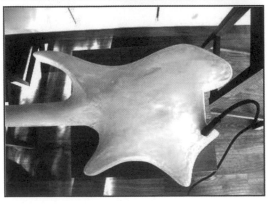

這是一把由歐拉‧史賛博（Ola Strandberg）設計的吉他原型，它的弧度能符合大腿、身體和右手前臂的人體工學。請特別留意這把吉他琴身末端的形狀和特殊的導線位置。（girtarworks.thestrandbergs.com）

如果你的設計當中包含任何原創的人體工學設計，建議可以先打樣出原型，你會更加了解整體的優缺點。然後做一些微調，直到滿意為止。

再來是測試時間。只有經過長時間和各種彈奏姿勢的測試，我們才能肯定地說這是一把符合人體工學的吉他。

立體原型

使用紙和鉛筆是最簡單的設計方式，如果你喜歡也可以使用平面繪圖軟體，像是Adobe Illustrator、CorelDraw、Inkscape 等。

不論你使用什麼工具來繪製設計圖，設計到了一個階段，你總會想要了解一些創新的想法在立體琴身上看起來的樣子。這時候 3D 繪圖軟體（通常是指實體的模型軟體）就能派上用場了，包括 AutoCAD、IntelliCAD、TurboCAD、SolidWorks、Alibre Design、或其他免費的開源（open source）軟體等。

使用這種 3D 繪圖軟體能幫助你完整地掌握樂器的量體、需要切割或挖洞的位置，但這類軟體通常需要投注大量的時間去學習如何使用，因此這種方式可能比較適合那些本來就熟悉這類軟體的製琴師。

比較簡單的方式：用陶土做立體模型

雖然我很熟悉電腦，但還是喜歡比較簡單且原始的立體模型做法：陶土。不只因為你需要知道這些人體工學特色的外觀，同時也需要知道它的感覺。在腦海中想像或在電腦螢幕上看到的，和真實的 3D 模型會有落差。

或者使用木頭來製作模型。我發現陶土還是比較方便，因為可以不斷修改，直到我了解平面和量體之間的關係。如果有必要，我可以從新設計，或者將陶土留到未來使用。

10 公斤（22 磅）的陶土就足夠做出一個實際尺寸的吉他模型，不過做得小一點可以省去一些時間和精力。過程中記得要用尼龍材質的紙張將陶土包好，以免乾掉無法重複使用。

檢核清單

．．

我們已經討論過，為了改善人體工學，通常在設計上都會有一定程度的妥協。下列幾點有清楚的說明：每一點都有一個但書！

● 較長的上琴角能協助提升平衡感，因為背帶的扣環安裝在此處——但也不可以過長。

● 下琴角愈小或愈不凸出愈好，這樣可以減少黑色區塊的面積。但也不能過小，不然坐著彈吉他時就無法給予適當的支撐。

● 較深的下琴角切口可以稍微提升平衡感，同時也更方便彈奏高把位。但是較深的琴角切口，加上可以靠在大腿上的琴角，可能導致下琴角過長、過細，當吉他倒地時很容易斷裂。

● 較短的上琴角能提升琴身的平衡感。完全沒有上琴角的吉他（例如 Explorer、Firebird、Thunderbird）是透過向後延伸下琴身輪廓的方式達到平衡。但如果延伸得過長，可能導致琴身重量增加，當然也要看你使用哪種木材。此外，不容易找到合適的琴盒、琴架、和相關配件。

● 要掌控好整體重量。有些吉他的平衡感很好是因為它們的琴身非常重。但只要站著彈奏一會兒，你就會覺得好像抱了一隻沉睡的熊一樣吃力。

● 琴頭愈小／愈輕愈好。但請記得，琴頭的尺寸和長度應與琴身保持協調的比例，而且要有足夠的大小才能安裝調音旋鈕。

● 如果你想要簡單快速地製作琴身，平面琴身是最好的選擇。但是有弧度的琴身製作起來會比較有趣。

● 斜面：手臂位置的斜面、琴身切口斜面、琴腹斜面等設計都能提升吉他的人體工學。但在這些斜面區域上無法製作鑲邊。

● 我說過製作吉他原型這個點子很棒嗎？用膠合板或厚紙板做一個縮小的吉他原型，將背帶扣環吊在釘子上看看它的平衡性（這個測試需要完整的吉他模型，包含琴頸和琴頭）。以同樣的方式來測試坐著彈琴時的情形，把吉他放在一個類似膝蓋作用的物品上（比如一支鉛筆），看看是否需要調整琴身的底部線條。

● 沒錯，避免使用便宜的尼龍背帶，品質好的背帶可以防止琴頭下墜。

雖然還有一些關於立體吉他模型的主題沒討論到，例如：電路槽（內部安裝拾音器和電路的位置）以及如何計算琴身的厚度等。但這一章我們探討的是一些重要的基本概念。

年輕人要有點耐心。

圖片來源：Tiagø Ribeiro

7 琴頸設計

- 琴頸的背面形狀
- 琴頸的角度及其與吉他正面的關係
- 張力桿的選擇

「其實，『弦理論』講的是空間和時間、物質和能量、重力和光，這些都是上帝創造的，跟音樂一樣。」
——羅伊 · 威廉斯（作家兼行銷顧問）

「拜託，我連六弦都快無法招架了！」
——肯尼 · 希克（陰性〇型樂團的吉他手）

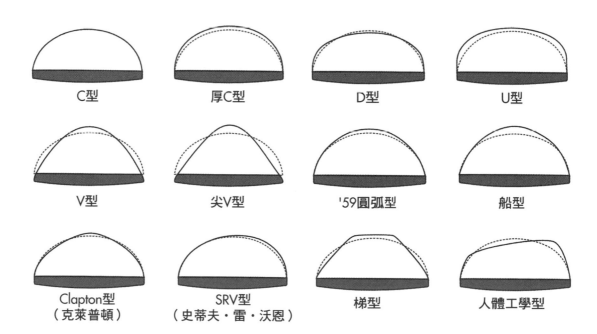

C型	厚C型	D型	U型
V型	尖V型	'59圓弧型	船型
Clapton型（克萊普頓）	SRV型（史蒂夫·雷·沃恩）	梯型	人體工學型

琴頸的背面形狀

你可以從上一頁的圖例，仔細看看琴頸背面的各種形狀。其中以 C 型最為標準，因此我們將這個形狀做為基準，用虛線來表示，方便大家比對其他形狀的差異。

D 型、U 型和 V 型都是過去這幾年發展出來的形狀。尖 V 型是比較少見、極致版的 V 型。

我另外列出了琴頸廠牌 Warmouth 的其他型號：'59 圓弧型、Clapton 型、以及稍微比標準 C 型不對稱的 SRV（Stevie Ray Vaughan）型。

琴頸背面的形狀對彈奏性的影響很大，上述的各式形狀其實都是因為樂器的革新和為了提升彈奏性所發展出來的產物。標準 C 型結合了大部分的優勢：夠薄（相較於 U 型和 D 型），周長卻足以支撐彈奏者的拇指，這是尖 V 型琴頸無法做到的。

當我們提到人體工學時，請留意 SRV 型的不對稱琴頸，它能在低音弦端提供較大的拇指支撐度，而高音弦端較薄的設計則有助於手指延伸。

此外，我還收錄了兩種較具原創性的設計。一種是由李克 · 吐恩（Rick Toone）設計的梯型，另一種是我本人設計的不對稱琴頸（稱為人體工學型），這是依照左手自然做出的 C 字型去設計的（這兩個型號都尚未取得專利）。

如果從設計的角度來看，琴頸背面的形狀其實相對簡單。你只要選一個客人喜歡或你自己喜歡的形狀就可以，如果沒有特殊的要求，使用標準 C 型會是最安全的選擇。

然而困難之處在於，實際製作琴頸時要達到一致的品質是有難度的。不只要維持整支琴頸從頭到尾的一致性（平順、無凹凸不平的表面），每一支琴頸也都要一模一樣。

吉他手約翰 · 帕特西（John Petrucci）曾在一次專訪中提到六或七把他在現場表演時使用的 Music Man 廠牌吉他，並在其中指出特別的一把。他說，這把吉他帶給他很好的穩定性和舒適度，因為它的琴頸非常特殊。問題來了，如果這只是一支完全複製的琴頸，為什麼會感覺特別不一樣呢？當我說「完全複製」，指的是由電腦控制，誤差不到千分之一英吋，不是靠人的肉眼或手工能做到的完美複製。

誰知道呢？在沒有可測量且實際的對照情況下，這說不定只是設定上的差異，又或者是彈奏者本身的主觀意識。不論如何，重點是，如果一致性是由主觀認定的話，那麼連 CNC [17] 科技都無法滿足，更不用說是用手工製作了。給設計者、製琴師和音樂人的好消息是，一致性主要還是那些大工廠才需要頭痛的問題。

原注 17：CNC（computer numerical controlled）代表電腦數值控制的機械車床，由自動化的軟體而非靠人來操控。

琴頸的角度及其與吉他正面的關係

　　琴頸的角度不僅與美感有關。琴頸的角度取決於吉他琴身表面的弧度和使用的琴橋。如果琴身表面隆起，琴頸就必須有角度；相反的，如果琴身是平面的話，琴頸則不應該有角度。

　　Les Paul 和 Stratocaster 又再次做為兩個截然不同的範例：Les Paul 的琴頸角度是 3.5 度，Strats 的琴頸則是筆直的。這兩種琴頸都與其琴身正面的幾何一致（Les Paul 的正面是弧形的、Fender 則是平面的）。

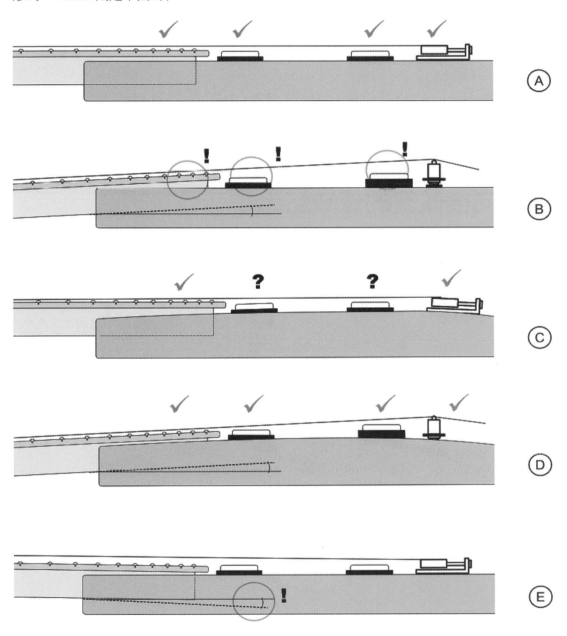

琴頸的角度也會影響到其他設計層面，特別是琴橋的選擇。現在我們就先來看看幾種不同的琴頸角度／琴身表面組合（請配合前頁圖例）：

A.**最簡單的選擇**：Fender的做法。平面或圓柱狀表面的琴身都適合採用無角度的琴頸，以及專為平面琴身設計的琴橋。拾音器可以直接安裝在琴身和琴身護板上、或拾音器固定環上。

B.**次等的選擇1**：將有角度的琴頸裝在平面的琴身上，會造成琴身與琴頸表面無法平行，但這還不是主要的問題：琴弦距離拾音器太遠。一般使用在平面琴身上的琴橋當然也無法使用。

C.**次等的選擇2**：將無角度的琴頸裝在有弧度的琴身上，視覺上並不好看。也很可能無法找到合適的琴橋金屬零件和拾音器安裝金屬零件。琴弦會過於靠近位在弧形頂點的琴身表面或拾音器。

D.**Les Paul的做法**：弧形琴身最適合有角度的琴頸。你需要使用適合弧形琴身的琴橋，拾音器則需要搭配較高的拾音器固定環。

E.**最糟糕的情況**：琴頸的角度完全做反，整支琴將無法正確設定。

琴頸向後傾斜的優缺點比較：

優點	劣點
● 向後傾斜的琴頸一般被認為是較傳統、有品質的設計。 ● 能讓彈奏者的手靠近身體，增加彈奏的舒適度（詳見下圖）	● 比直琴頸還不容易製作；特別是琴頸接合處。 ● 右前臂可能無法靠在琴身上。 ● 通常有角度的琴頸都是用黏合固定（而不是用螺絲固定），比較不容易修復或更換。

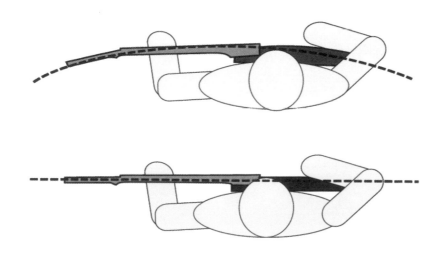

琴頸深度

　　琴頸的深度是指琴頸橫斷面的厚度。大部分經典款式的琴頸厚度都正好小於 1 英吋（25.4 公厘）。人們常誤以為很薄的琴頸能讓彈奏者彈得比較快。其實應該避免這麼做，原因如下：

● 較薄的琴頸確實方便手指延伸，但也容易讓手疲勞。

● 過薄的琴頸反而會有反效果：不容易按壓琴格；大拇指缺乏足夠的支撐而影響彈奏。

● 薄琴頸容易彎曲甚至斷裂。

● 薄琴頸比較不容易保持筆直，不利於設定，也經常需要調整。

　　理論上，最小的琴頸厚度取決於張力桿凹槽的深度。根據我的經驗，較厚的琴頸有愈來愈受歡迎的趨勢。一切仍視彈奏者的喜好來決定。

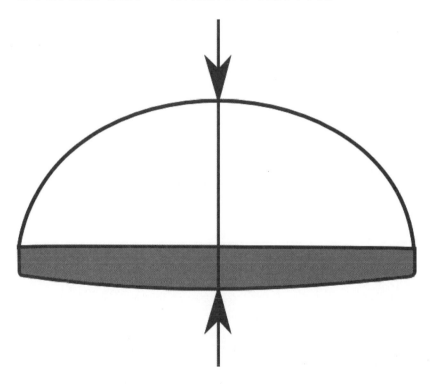

琴頸的「厚度」。現代吉他的琴頸厚度愈靠近琴頭端愈越小—— 不像 Telecaster 一樣

款式名稱	琴頸厚度的標準測量值 （在琴枕處和第 12 琴格處）
Les Paul、Explorer、SG	13/16" 和 7/8"（20 和 22 公厘）
Telecaster	1"（整支都是 25.4 公厘）
Telecaster deluxe、Stratocaster、Jaguar	13/16" 和 1"（20 和 25.4 公厘）
Jazz Bass	29/32"（整支都是 23 公厘）

張力桿的種類

以下是我們的選擇

● **可調整、單向**。如果琴頸製作良好的話，這種可以調整單一方向的張力桿就足以將琴頸從筆直的狀態調整到向上微彎的弧度。張力桿位在琴頸後方的溝槽內，每一支琴頸後方的溝槽深度不一，外層會再覆蓋一支木條（如最下方圖示）。這種張力桿的缺點是無法調整已經向後彎曲的琴頸。請留意，張力桿的溝槽必須是彎曲的，製作起來不太容易（需要用到特殊的彎曲模板）。

琴頸調桿的位置：

作用：

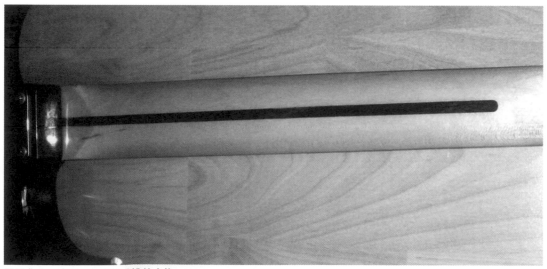

琴頸背面用來蓋住張力桿溝槽的木條

● 可調整、雙向。可以調整兩個方向。直接安裝在琴頸的頂部，之後再用指板蓋住。
　張力桿的位置：這種張力桿的溝槽很容易製作，只需要筆直地鑿入琴頸的表面。指板會將這條溝槽蓋住。

● 作用：張力桿能夠放鬆琴頸（逆時針方向轉動調整螺帽）讓琴頸向上彎曲（向前彎）、或是拉緊琴頸（順時針方向轉動調整螺帽）讓琴頸向下彎曲（向後彎），降低琴弦的作用。

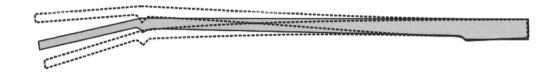

　　最後一種是無法調整的張力桿。這只是一支用來保持琴頸筆直的硬桿。出於缺乏調整性，因此已經過時。市面上常見的尺寸是 3/8×3/8×14 英吋的正方形鋼管。古典吉他依然使用這樣的設計，但並不建議使用在電吉他上。

張力桿的調整點位置

　　根據不同的張力桿類型，調整螺帽可以設置在不同的調整位置。

　　從琴頭端調整：最為方便，但可能會讓琴頭接合處變脆弱。如果還要用蓋子蓋住調整螺帽的話，必須在安裝調音旋鈕時就先預留空間。

　　從琴頸根部調整：有兩種主要的形式。第一種是像 Stratocaster 這類的吉他，琴頸末端和琴頸拾音器大概有超過 1 英吋的距離。雖然傳統上從琴頸根部調整的 Fender 吉他都會使用有溝槽的可調整螺帽，需要將琴頸拆開或是將琴身護板拆下來才能調整；或者改用搭配著輪輻螺帽（spoke nut）或艾倫螺帽（Allen nut）的張力桿，在琴身上鑿出一個小凹槽，就可以從琴頸的根部調整張力桿。這個方式很常見、比較簡單，無需將琴頸卸下來就能進行調整。

第二種從琴頸根部調整的形式主要針對貝斯。通常貝斯的琴頸末端和琴頸拾音器之間有很大的空間，因此可以使用上述兩種從根部調整的方式。但由於貝斯的空間很大，你甚至可以利用六角螺帽來調整，不管是位在可開式的蓋子底下，或是鑿出一個夠寬的短凹槽方便板手進行調整。

所以基本上，只有當琴頸和琴頸拾音器必須緊連在一起時，才無法從琴頸根部進行調整：此時你別無選擇，只能從琴頭端調整。

所以說，如果你願意將拾音器從指板末端向後移動約 1/4 英吋，就可以採用「輪輻螺帽」搭配根部調整的方式。操作簡單，不需要拆卸任何部位就能調整張力桿。

從琴頭端調整張力桿，不需要張力桿罩。

張力桿的長度

張力桿的長度不一，一般來說，使用在吉他上的標準長度是 18 英吋，在貝斯上則是 24 吋（包括調整螺帽）。張力桿的長度至少要從第一個琴格的中間延伸到琴頸的根部。

張力桿的長度會因為琴頸與琴身接合在第幾條銅線的位置和規格長度，也就是琴頸的未支撐長度而有所不同。長 18 吋的張力桿適用於大多數的吉他，但如果你設計的規格長度很特殊，就不一定適用。

需要多少支張力桿？

如果是八弦以上的吉他、或六弦以上的貝斯，琴頸內需要安裝兩支橫桿。如果琴弦的張力抵消得太多，在某種程度上可能會破壞琴枕是張力桿的螺紋。兩支張力桿雖然稍微比只使用一支還要複雜，但好處是可以防止寬琴頸扭曲，也能更有效地抵消琴弦張力。

從琴頸根部調整張力桿。　　　　　　　　　　圖片來源：Tim Patterson

圖片來源：Corrie Barklimore

⑧ 指板設計

- 主要尺寸和形狀
- 琴格：數量、位置、構造與種類
- 特殊的指板

> 「下一次主歌的時候再彈一次，
> 讓大家知道你是玩真的。」
>
> ──切特 · 阿特金斯
> （美國吉他手）

基礎
....

有幾條弦？

你一定知道貝斯通常有四條弦，現在五弦貝斯也變得非常受歡迎，甚至還可以看到六弦、七弦以上的款式，這些貝斯通常都是那些希望彈出更複雜、或不同於以往音樂形態的貝斯手在使用。琴弦數量對彈奏的感覺有很大的影響，琴弦愈多會需要愈寬的琴頸／指板來容納。

吉他的琴弦選擇相對較少，大致可以分為六弦、七弦、或十二弦吉他（指的是六弦吉他，但每一道都使用兩根琴弦）。除此之外其他的弦數都不常見，也因此需要特殊的零件（像是特殊的琴弦、拾音器、琴橋、琴枕、更寬的琴頸、更多的調音旋鈕等）。

指板的主要尺寸

琴頸和指板有三個「秘密」：觸感和手感、張力桿、以及延音效果的關鍵。我們就先從最基本的開始吧。

弦長規格

指板的尺寸及其相對關係必須非常精準，不能隨意調整，否則會影響音準，甚至無法彈奏。如下圖說明：

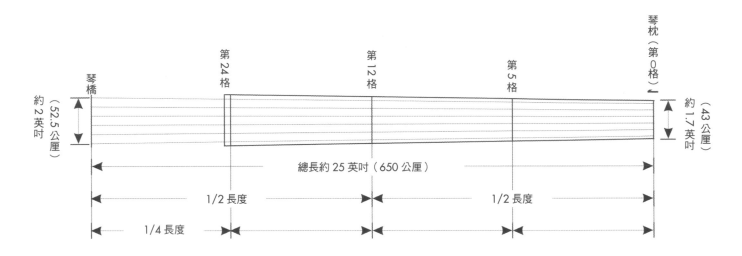

完整的琴弦振動長度（從琴枕至琴橋）稱為弦長規格，用來描述指板的主要規格。弦長規格決定了每一個琴格的準確位置，理論上也能算出琴枕和琴橋的位置。使用「理論上」是因為琴枕和琴橋的實際位置可能會受到其他因素影響而有所調整。

哪樣的弦長規格比較理想呢？在其他參數恆定的情況下，較長的弦長規格會有比較好的延音效果。對任何一個音階和彈奏位置來說，弦長愈長，其張力就和慣性能量也愈大，因此延音會比較持久。五弦或更多弦的貝斯適合採用較長的弦長規格，因為低音弦若如果弦長不夠，聲音聽起來會不夠「紮實」。因此貝斯很自然地會使用較長的弦長規格來表現低音的頻率。琴弦也比較緊而粗，表現出比細琴弦更好的低頻聲響。

另一方面，琴弦規格較短的貝斯（通常是 30 和 32 英吋）代表琴格的間距較短，方便手指移動，不必撐開手指就能按到不同的琴格。弦長規格較短的缺點是聲音有時候聽起來會很散，使用較粗的弦則能得到改善。每一位彈奏者的喜好不同，有可能是因為琴格較容易按，也可能只是單純的習慣問題。弦長規格較短的貝斯像 Gibson EB3，弦長規格是 30-1/2 英吋（744.7 公厘）。這是一把很受歡迎的貝斯，有著類似 SG 的琴身 [19]，雖然已於 1979 年停產，但副廠 Epiphone 依然在生產。較短的琴弦規格適用於四弦貝斯和手指比較短的彈奏者。

原注 19：SG 形狀的貝斯＝上琴角較短＝琴頸容易向下墜！

標準的吉他弦長規格

不同品牌的弦長規格不同，規格上的差異對有經驗的吉他手來說非常明顯。

古典吉他的標準弦長規格是 25-19/32 英吋（650 公厘）。實心吉他和貝斯的常見尺寸如下：

● Stratocaster、Telecaster：25-1/2 英吋（647.7 公厘）

● Les Paul、Explorer、SG、CS356：24-3/4 英吋（628.4 公厘）

● Jaguar：24 英吋（609.6 公厘）

標準的貝斯弦長規格

Fender Jazz Bass：：34 英吋（864 公厘），是最常見的四弦貝斯弦長規格；弦長規格如果達到 35 英吋（889 公厘）就會被認為是超長的尺寸，但因為五弦貝斯日漸普及，這種規格也愈來愈常被使用（它能讓第五弦的音色更好聽）。

請注意，吉他的弦長規格可由製琴師來決定，但貝斯則必須符合（或非常接近）30 英吋、32 英吋、34 英吋、或 35 英吋，因為只有對應到這四種規格的貝斯弦長。它們分別代表短規格（30 英寸）、中規格（32 英吋）、長規格（34 英吋）以及超長規格（35 英吋）。

由於貝斯琴弦的木端比較細，製琴師必須遵照上述規格，才方便將弦纏繞在調音旋鈕端。貝斯的低音弦太粗而無法直接做纏繞。

最長且合理的貝斯弦長規格是 37 英吋（939.8 公厘），但僅供手工製作的貝斯使用。除非你的手很大，否則不只彈奏起來很不舒服，可能還需要訂製特殊的琴弦。設計貝斯前，建議製琴師手邊最好有貝斯弦，或者隨時方便查詢的弦長尺寸網站：http://www.liutaiomottola.com/formulae/bassString.htm

琴弦分布

琴橋處的琴弦分布

琴弦分布指的是在琴橋處測量中心線到兩條最外側琴弦的距離。

琴弦分布取決於弦和弦之間的距離，也就是兩條鄰近的弦的弦寬。大部分的六弦吉他在琴橋端的琴弦分布是 2 英吋～ 21/4 英吋（50.8 ～ 57 公厘）。從弦的中心測量任兩條弦的弦寬，大約會落在 13/32 英吋～ 7/16 英吋（10.3 ～ 11.1 公厘），10.5 公厘最為普遍。以我經驗來看，弦寬取決於你所選用的琴橋。

貝斯琴橋上的琴弦分布一般分為下列幾種：

●四弦：2-1/4 英吋（57.15 公厘）

●五弦：3 英吋（76.2 公厘）

●六弦：3-1/4 英吋（82.5 公厘）

在設計之前，建議先了解你要使用的琴橋規格，才可確保設計符合需求。喜歡打弦（slap）的貝斯手需要大一點的弦寬，方便讓手指放在琴弦之間來做勾弦（pop）的技巧。

譯註：slap（打弦）和 pop（勾弦）通常也稱為「打放克技巧」。

也有能夠調整琴弦分布的琴橋，但不論如何，琴弦的分布都會影響指板的尺寸（接著討論）。

琴枕處的琴弦分布

琴枕處的琴弦分布比較複雜，每一條弦的中心到相鄰弦的中心距離不一。如果每一段距離都一樣，較粗的弦看起來就會「很擠」。計算此處的琴弦分布和位置必須非常準確。下列方式都能準確地算出弦和弦的間距：

● 利用網路上的計算公式，例如：http://www.guitarrasjaen.com

● 利用弦寬規則。參考影片：http://www.youtube.com/watch?v=w_a8s9TsG6g

● 直接購買一個已經刻槽、並且符合琴頸寬度的琴枕。第一次嘗試製作吉他的人很可能無法一次到位，因為光要製作尺寸精準的指板已經很有挑戰。製作或購買符合琴頸寬度的琴枕，會比做出符合琴枕的琴頸來得容易許多。

 非標準規格的琴頸寬度（太寬或太窄）和標準規格的零件無法相容；不僅如此，非標準的琴弦分布也很有可能無法對準在拾音器磁鐵的上方。

琴弦內縮

「內縮」指的是最外側的琴弦距離指板外緣的距離。琴枕處的琴弦內縮約為 1/8 英吋（3 公厘），在第十二琴格處會多一些（約 5/32 英吋；4 ～ 5 公厘）。而由於低音 E 弦較粗，因此會再多 1/32 英吋（1 公厘）。貝斯琴枕處的琴弦內縮距離會多 1 ～ 2 公厘（約 5/32 英吋；4 ～ 5 公厘），在第十二琴格處約為 15/64 英吋（6 公厘）。

琴枕處的寬度

計算琴頸（包含指板）的寬度之前，必須先了解並決定下列尺寸（皆已在上面討論過）：

A）琴枕處的琴弦分布（於琴枕處，從高音 E 弦到低音 E 弦的中央量測）

B）琴橋處的琴弦分布（於琴橋處，從高音 E 弦到低音 E 弦的中央量測）

C）高音 E 弦在琴枕處的內縮（高音側的內縮）

D）低音 E 弦在琴枕處的內縮（低音側的內縮）

E）高音 E 弦（貝斯的 G 弦）的半徑（直徑除以 2）。例如，如果高音 E 弦的直徑是 0.010 英吋，半徑就是 0.005 英吋（實務上可以忽略，因容許誤差值還比較大）。

E'）低音 E 弦的半徑（四弦貝斯的 E 弦、五弦貝斯的 B 弦）。例如，如果吉他的低音弦直徑是 0.042 英吋，半徑就是 0.021 英吋（這也幾乎可以忽略，看你想達到的精準度來決定）。

譯註：slap（打弦）和 pop（勾弦）通常也稱為「打放克技巧」。

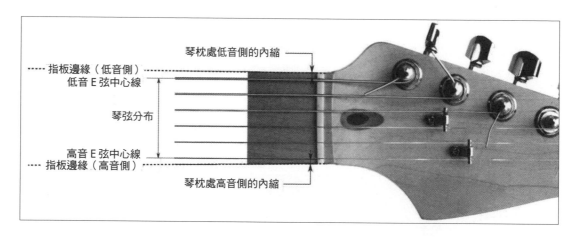

因此得到以下結論：

● 琴枕處的指板寬度：A＋C＋D＋E＋E'

● 琴橋處的指板寬度（估計）：B＋C＋D＋E＋E'

將琴頸處的寬度和琴橋處的寬度連結起來，就可以確認整支琴頸的指板寬度。到了這個階段，你必須要有一份與實際尺寸相同的設計圖（如何繪製吉他設計圖？請詳見第16章）

吉他琴枕的標準寬度

一直到 1969 年，Fender 吉他的琴枕寬度都是用字母來表示的：

● A ＝ 1-1/2 英吋（38.1 公厘）

● B ＝ 1-5/8 英吋（41.275 公厘）

● C ＝ 1-3/4 英吋（44.45 公厘）

● D ＝ 1-7/8 英吋（47.625 公厘）

現在，A 尺寸的琴頸對一般人的手來說是過小的。最常見的琴枕寬度大約是 1-11/16 英吋（42 ～ 43 公厘）。C 或 D 尺寸則適合手比較大的人使用。

貝斯琴枕的標準寬度

● Fender Jazz Bass（爵士貝斯）：1-1/2（38.1 公厘）

● Fender Precision Bass（精準貝斯）：1-5/8 英吋（41.275 公厘）

● 五弦貝斯（以 Warmoth 廠牌的尺寸為基準）：標準版 1-7/8 英吋（47.625 公厘）；寬版＝ 2-3/16 英吋（55.5 公厘）

琴格

有琴格或無琴格？

這個問題和貝斯比較有關；傳統的低音大提琴（提琴家族中最大的樂器）大多都沒有琴格。無琴格的樂器不管在彈奏、或音色上都與有琴格的樂器不同。由於琴弦會被按壓在

手指和指板之間，而不是在木材指板或金屬的琴格上，因此琴弦的延音和音色都會有所不同。但這個問題在吉他上無需多做討論，因為大多數的人都無法接受無琴格吉他的音色。無琴格對吉他的影響主要在於彈奏的感覺，需要很好的音準技巧才能快速又準確地按壓和弦位置。

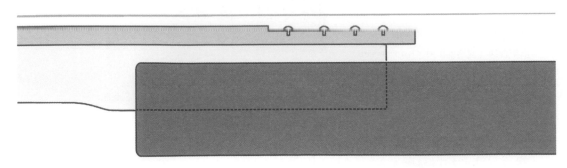

有些無琴格貝斯的高把位還是訴有琴格，但位置會比指板低一點。這樣的設計能讓貝斯的琴弦碰觸到琴格時發出打弦的音色（如圖）

無琴格的吉他比較容易製作；應該使用稍微硬的木頭來製作指板，因為琴弦在無琴格琴頸上的摩擦力比有琴格的琴頸還要大。

琴格數量？

長久以來，電吉他都設有 20、21 或 22 個琴格。但隨著音樂形態對技巧的需求愈來愈講究，再加上那些竄起的吉他英雄們特別喜歡非常輕巧且適合速彈、能夠讓每條弦都達到兩個八度音音域的 24 琴格吉他，最常見的例子是 Superstrat 吉他。在速彈愛好者的圈子內，27 個琴格的吉他逐漸開始流行。我甚至還看過多達 36 個琴格的吉他，當然這也比較怪異。因為琴格愈多就愈容易打弦、不易調整，同時也會限制拾音器的擺放位置。

琴格的標準數量
- Les Paul、Stratocaster、Explorer、Jaguar 和 SG：22 個琴格
- Telecaster：20 或 21 個琴格
- Gibson 和 Fender 貝斯：20 個琴格
- Superstrats 和其他比較現代的吉他：24 個琴格

吉他琴格的配置

琴格的位置，取決於弦長規格的函數所計算出來的數值。以往製琴師會用不同的規則來計算琴格的位置，這些規則參照的數值不盡相同。

但是現在幾乎已經沒有人去計算琴格的位置了，甚至連試算表都不用參考。網路上就有琴格計算工具可以運用，只要輸入弦長規格、音階格數就大功告成！它會幫你完整地列出每一個琴格與上弦枕的距離，請參考下列網址：

http://liutaiomottola.com/formulae/fret.htm

（如果你想了解琴格位置是如何計算的，請繼續看下去；如果沒有興趣可直接跳至下一個主題。）

計算琴格的位置其實很簡單。假設弦長規格是 25 英吋（635 公厘），要計算第一個琴格到上弦枕的長度，只要把 25 除以 1.05946309（得到 23.596857914），再用弦長規格 25 減去這個數值，得出 1-1/4 英吋（35.56 公厘）。

代表在 12 平均律中，任兩個音階的頻率比值，又因為頻率和吉他弦長成比例關係，這個數字也代表一個音階與其相鄰音階的長度比例——在吉他上等於是兩個連續琴格的比例。

實務上，不需要取到小數點第 8 位。因為 1.05946309 趨近於 1.06，差異僅小於千分之一，遠比你用鉛筆在指板上畫出琴格位置的誤差還要小得多。

需特別注意的是，琴格上第二根銅條的距離一樣是從上弦枕算起，而不是從第一根銅條算起；否則此差異愈來愈大，到第五個琴格時，可能就會影響到音準。

因此，計算每一個琴格到上弦枕（d）的公式如下，其中 n 代表的是琴格數，S 代表的則是弦長規格：

$$d = S - \left(\frac{S}{\sqrt[12]{2^n}} \right)$$

銅條的剖面

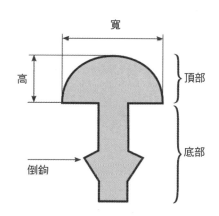

不同種類的銅條，其頂部的長度和寬度通常不同。有時候甚至連頂部的形狀都不太一樣：可能是半圓形或者錐形（其實比較接近拋物線的弧度）。而底部固定端（tang）的厚度則大多是標準的 0.022 英吋（0.55 公厘）。底部的倒鉤可幫助銅條固定在指板的凹槽內。

挑選銅條

銅條的選擇與個人偏好有很大的關係。最好的方式就是去了解彈奏者的經驗：他之前用過什麼樣的銅條？銅條帶給彈奏者哪樣的感覺？容易磨損嗎？按弦時會很吃力嗎？（高一點的銅條或許可以解決這個問題）用力按弦彈奏後是否有走音的現象？（那可能是銅條太高了！）

挑選銅條時必須考慮以下變數：

銅條材質

標準銅條是由一種稱為鎳／銀的合金所製成。「銀」只是因為它的顏色；實際上並沒有銀的成分。黃銅則是以前常用的銅條材質。黃銅製的銅條至今還有生產，大多使用在比較舊款的吉他上。有些吉他為了搭配琴身上的其他五金，希望銅條呈現出金色的色調時，會使用不含鎳的銅合金。近年來，不鏽鋼材質的銅條愈來愈受歡迎。它的優點是比較耐用，可以延長銅條的使用時間。但缺點是非常硬，安裝在狹窄指板上所費的功夫較大，

削去銅條底部時還可能會使刀片變鈍。

　　因為不鏽鋼的硬度很高，有些人覺得好像「在冰上彈奏」一樣。也有人說不鏽鋼銅條彈奏出來的聲音比較尖銳；我個人認為並沒有太大的差異。

銅條高度

　　銅條的高度和按弦的關係十分密切，直接影響著彈奏的感覺：

● 低銅條在彈奏時，手指比較容易在指板把位上下滑動。但是手指按弦需較用力，推弦時也會比高銅條還要吃力。

● 高銅條在按弦時比較容易。但是壓得太用力會影響到音準，因為用力按下琴弦會使弦的張力增加。

銅條寬度

　　銅條的寬度會影響：

● 磨損程度。寬的銅條比細的銅條還要耐磨。

● 外觀。有人喜歡細窄，偏復古感覺的銅條；有人則選擇較具現代感且較寬的「粗」銅條。

指板弧度

　　西班牙吉他的指板是平面、沒有弧度的，所有的琴弦都安裝在平面的指板上。電吉他的指板則有些許弧度，方便手指活動，琴弦也多少和指板一樣，呈現出上窄下寬、略帶弧度的表面。

　　我們可以藉此機會來探討指板和琴弦之間的細微問題。這個有關理想琴弦作用的問題（琴弦距離指板的高度）是影響彈奏性的關鍵因素。帶有弧度指板的問題在於其圓柱狀表面，因為琴弦會呈圓錐狀排列，琴弦之間並不在同一平面上，還記得前面所說的日本花道嗎？（請參閱 P.33）

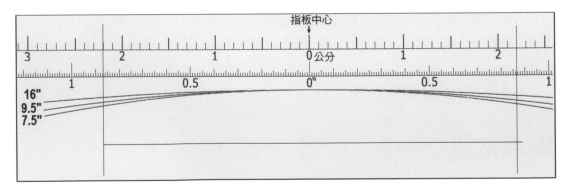

三種常見的指板弧度比較（圖為實際尺寸）

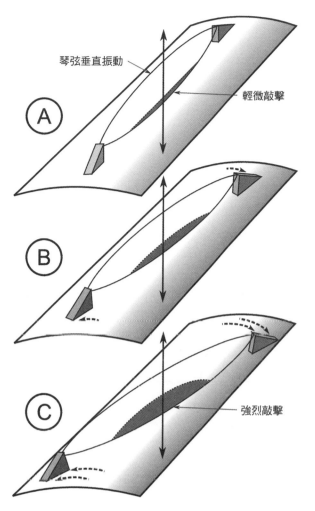

琴弦垂直振動

輕微敲擊

Ⓐ

Ⓑ

Ⓒ

強烈敲擊

因此，指板的表面和琴弦的表面彼此並不平行。這會限制琴弦作用的最低高度[20]。

問題：如果琴枕和琴橋的弧度一致，為什麼琴弦無法呈現一樣的圓柱狀表面呢？琴弦沿著圓柱狀表面安裝在兩個相同弧度的固定端上不是嗎？

答案：不，即使琴枕和琴橋的弧度相同，琴弦也會偏離這個弧度：它們不會與琴頸表面的弧度平行。由於琴弦比指板還要長，在指板中間區域的琴弦會最接近指板，因此需將琴弦調高才能避免打弦的雜音。

有些比較現代的指板會設計成圓錐狀的指板弧度，或稱為複合式弧度。靠近上弦枕的指板呈弧形（和弦按起來會比較輕鬆省力），愈靠近高把位的位置，指板則愈平。這樣的幾何形狀能讓兩個表面（指板的表面和琴弦形成的圓錐狀表面）呈現（理想的）平行關係，琴弦因此也能從頭到尾保持一致的弦高。複合弧形指板的另一項好處是它能讓推弦後的聲音維持比較久：因為當我們在弧形表面推弦到一定程度後，振動的琴弦會接觸到較高音的琴格銅條上（打弦），而讓聲音停止。

在上一頁的圖表中我們看到琴弦在圓弧表面（一致弧形指板）上振動的情形。本頁圖 A 中的琴弦與指板相互平行，此圖的琴弦垂直振幅經過刻意放大以凸顯效果，琴弦接觸指板的範圍很小（深灰色區域）。圖 B 中的琴弦與指板互不平行，反而形成一個角度。琴弦的固定處（上弦枕和琴橋）均比圖 A 低，分別往指板弧形的左右兩側下移。所以即便琴弦的固定點高度和振幅都不變，琴弦接觸指板的範圍卻加大了。

圖 C 中，琴弦和弧形表面的斜度又再增加，就像吉他第一弦（high E string）到第六弦（low E string）的距離。琴弦固定的位置更低，使得琴弦中段更貼近指板，請留意此圖的琴弦振幅和指板的接觸範圍比較大（或較深）。這就是為什麼一致弧度指板上的琴弦，尤其外弦的弦距必須維持較高，才能避免打弦的雜音。複合弧形的指板設計能有效地解決這個問題。

圓錐狀（複合）指板弧度

下圖比較了不同的指板形狀。（由左到右）第一種是西班牙吉他的平面指板。第二種是圓柱狀、弧度一致的指板。第三種是複合弧度（圓錐表面）的指板。最後一種最糟：屬於複合弧度但其弧度不一致，使得琴弦永遠無法平行於指板。

以手工製作具有完美複合弧度的指板並不容易，為了要逐漸改變弧度，需要很高超的磨砂技巧和不斷地練習。再說，手工再怎樣也不會比電腦控制的車床還要精準：這是製琴上的必要認知，機器永遠比手工來得好、來得快、成本也較低。

有些吉他大師，像是喬．沙翠亞尼（Jo Satriani）就認為這種多弧度的指板極為符合他的彈奏風格。但該領域的研究者（莫托拉〔Mottola〕和哈恩〔Jaen〕）等人則用數字指出圓柱狀指板和圓錐狀指板的差異甚小，幾乎在可容忍的誤差範圍內。

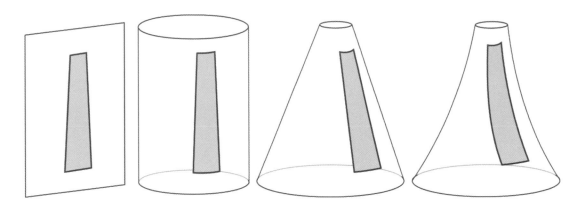

標準弧度

依照半徑大小排列（愈下排的弧度愈小）：

經典 Stratocaster	7.25 英吋（184.1 公厘）
現代 Stratocaster	9.5 英吋（241 公厘）
大部分使用滾珠式琴枕（LSR roller nut）的吉他	9.5～10 英吋（241～254 公厘）
大部分使用鎖弦式琴橋（Floyd Rose bridge）的吉他	10 英吋（254 公厘）
PRS（標準款）	10 英吋（254 公厘）
Warmoth 廠牌的琴頸	複合式弧度，琴枕處為 10 英吋，琴頸尾端為 16 英吋
Les Paul	12 英吋（305 公厘）
Ibanez	12 英吋（305 公厘）
Jackson（新款）	複合式弧度，琴枕處為 12 英吋，琴頸尾端為 16 英吋
Jackson	16 英吋（406 公厘）

　　複合式弧度有時候也被稱為「多弧度」，但對某些廠牌來說可能會產生誤會，例如 Ibanez 就使用「多弧度」一詞來描述琴頸背面的弧度，而不是指板的弧度。多弧度的琴頸其實是從一位知名音樂家的吉他琴頸的背面，利用數位立體掃描（3D-scan）和電腦車床科技（CNC）複製而來。除非特別強調，否則指板不會有多弧度，而應該是一致的弧度。

特殊指板

凹槽指板

　　凹槽指板的琴格和琴格之間「挖出」了貝殼的形狀，產生 U 字型的凹槽。如此一來在按壓琴弦時，琴弦只會接觸到琴格而不會碰觸到指板。

　　雖然這樣的設計能夠加快彈奏的速度並且讓推弦變得更容易，但還是需要練習：使用過大的力量按壓琴弦會讓音準跑掉；力道不足則會使延音不足。製作一把有凹槽指板的吉他需要耐心和精準度。有些琴只在高把位的最後四個琴格做這樣的設計，例如 Ibanez JEM 系列或者比利‧希翰（Billy Sheehan）的 Yamaha 貝斯都是這樣的設計。

變化琴格（扇形）指板

　　又稱為扇形指板，這種指板的每一條弦都有不同的弦長規格，因此創造出不平行的琴格。在電吉他上增添這樣的特色是製琴師勞夫‧諾瓦克（Ralph Novak）的功勞（詳見附錄 B 的專訪），他也取得了此一扇形指板的名稱及其製作技巧的專利。扇形指板的優點是：

● 能讓低音弦有更長的振動長度，增加低頻音的音色；相反地，也縮短了高音弦的長度，因此產生更適合高音的頻率。
● 能讓每條弦的張力相當，增加樂器本身的手感。

檢核清單

設計彈奏性絕佳的琴頸

- 繪製藍圖時必須十分精準。指板是整把吉他最需要精準度的部位。
- 弦長規格、琴弦分布、琴橋種類、琴枕種類、指板尺寸和琴格角度都需要同時決定，因為這些因素彼此有很大的關聯（在第 13 章〈挑選正確的硬體〉中會有更多的討論）。
- 使用複合式弧度的指板。它允許較低的琴弦作用、減低打弦現象、並且增加彈奏性。
- 設計 24 個琴格的吉他，除非你有其他需求。
- 銅條高度。高的銅條能提供較好的延音，低的銅條允許較低的琴弦作用。顧客才是有決定權的人，讓他們來選擇。
- 銅條材質。選用高品質和較硬的材料。
- 在琴頸背面的設計上多花一些時間。將彈奏者的喜好、手的大小和其它因素都考量進去，也可以和你的顧客討論他們的喜好。

這把琴的指板弧度為何？它使用哪樣的張力桿？琴身表面是什麼形狀？琴頸的彎曲一定是故意的。這是由一款由製琴師傑利米‧利托（Jerome Little）所設計、創新又大膽的貝斯。（www.littleguitaworks.com）

第四篇

音色

9：拾音器的選擇、位置和組合

拾音器是影響電吉他音色最主要的環節。本章將針對拾音器的選擇、位置和組合提供有用的建議。

10：控制旋鈕設計

本章處理的是演奏者和樂器之間「介面」的設計，取得靈活和簡潔之間的平衡。決定電吉他和貝斯的控制旋鈕數量、類型和位置。

11：吉他和貝斯的電路

一旦決定了控制旋鈕，就要著手安裝電路。本章除了探討經典的電路設計，也因應個人特殊需求，提供連結不同零件完成電路的多種方式。

12：延音的秘密

吉他最有價值的特色之一是其展現延音的能力。本章將探討讓琴弦持續振動的設計因素，並且提供構造和設定上的建議。

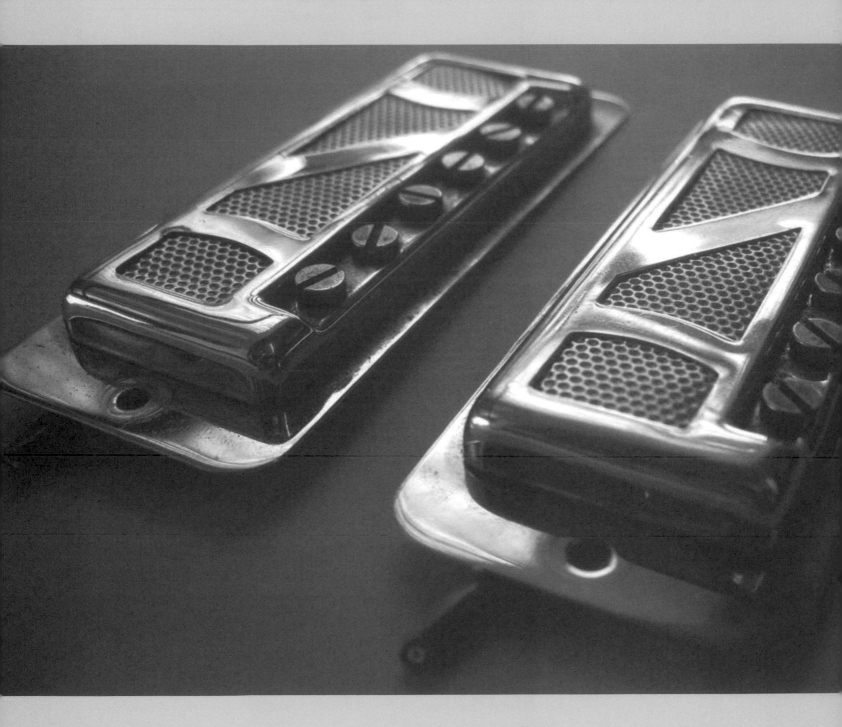

⑨ 拾音器的選擇、位置和組合

- 拾音器的零件和作用原理
- 拾音器的共振頻率
- 優質和劣質拾音器的響應差異
- 拾音器的不同組合
- 拾音器的位置及其對音色的影響

「我似乎弄丟了我的電話號碼，可以給我你的嗎？」

—— www.becomeaplayer.com
網站上教的搭訕（pickup）句子

基礎
拾音器的原理是什麼？

拾音器的主要工作是將琴弦的振動頻率轉換成電流訊號。它的正式名稱叫做「傳感器」，但並不常使用。

最基本的拾音器是以線圈纏繞住一塊磁鐵。當琴弦和磁場產生互動時，磁鐵會在線圈中產生等比例的電壓。磁鐵和線圈是拾音器中最基本的兩個元件。

磁鐵對於聲音的影響

不同的磁鐵有不一樣的磁力，幾個影響因素包括：材質、尺寸、剩餘磁荷、狀態（新或舊？曾經受過強力的磁場影響嗎？等等）。但基本上可以大致區分為強的磁鐵（硬）或弱的磁鐵（軟）。

磁鐵愈強聲音愈「硬」，傳遞的訊號就愈多。即使如此，實際上還是有所限制：非常強的磁鐵會使琴弦停止振動，這是一種琴弦受極端影響的現象。

嚴重時，這個帶有磁性的捕捉力道會產生「假諧波」或「兩個音」。

線圈對音色的影響

線圈只是一個纏繞狀的導體。對音色的影響取決於使用的線材（通常是銅線）、規格、圈數、線圈尺寸和形狀、以及線圈與磁場的距離。電吉他拾音器中的線圈規格其實還滿一致：

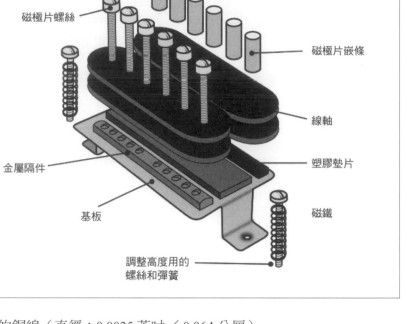

磁極片螺絲

磁極片嵌條

線軸

塑膠墊片

金屬隔件

基板

磁鐵

調整高度用的螺絲和彈簧

- 42–AWG（美國線規）使用在雙線圈拾音器（humbucker）、Stratocaster 的拾音器、和 Telecaster 的琴橋拾音器中。由極細的銅線（直徑：0.0025 英吋／ 0.064 公厘）製成。

- 43–AWG 使用在 Telecaster 的琴頸拾音器和 Rickenbacker 的拾音器中。由於使用的銅線更細，不需要這麼多的圈數就可以達到理想的線圈值：直徑 0.0022 英吋（0.056 公厘）。

線圈的圈數愈多，音量輸出就愈大，特別是中頻的輸出。這種情形當然也有所限制，拾音器的圈數過多或是銅線過細時可能導致：

- 失去高頻音，聲音聽起來會很混雜。
- 阻抗過高，因此失去高音頻率。

線圈的狀態也會影響音色。纏繞較緊的線圈和纏繞較鬆的線圈會有不同的電感（感應係數），進而影響音色表現。

銅線的連續性和適當的絕緣體也同樣重要（絕緣體是一層看不見但包覆在銅線上的透明亮漆，只要一點點刮傷就會造成短路）。

標準線圈數

- Gibson PAF 雙線圈拾音器：每個線圈纏繞 5000 ～ 5050 圈
- P–90 單線圈拾音器：10,000 圈
- 經典 Stratocaster 拾音器（50 ～ 60 年代早期）：7900 ～ 8350 圈
- 晚期 Stratocaster 拾音器（60 年代晚期～ 70 年代）：7600 ～ 7700 圈

磁鐵和線圈的組合

磁鐵和線圈共有四種基本的組合方式，各有不同的音色表現。這些組合僅做為說明

使用，實際上比較少以這麼極端的方式來設計。

● 弱磁鐵＋小線圈：聲音很甜，像鐘響一樣的清楚音色。輸出音量很小。
● 強磁鐵＋小線圈：產生玻璃感、音量較大的 Strat 聲音。
● 弱磁鐵＋大線圈：產生滑順、如奶油般的中頻聲音。
● 強磁鐵＋大線圈：產生很生硬、強大的輸出音量。

　　小線圈是指電感低／阻抗小的線圈，纏繞圈數相對較少但銅線較粗。大線圈則是圈數多但銅線較細。因此「小」和「大」不一定是指線圈的尺寸，而是圈數。

雙線圈拾音器

　　雙線圈拾音器（humbucker）具有兩個線圈，能夠降低來自周遭電子裝置的電流噪音（嗡嗡聲）。雙線圈拾音器的構造和操作涉及了兩個獨立的參數：永久磁鐵在兩個線圈中的方向，以及線圈的纏繞方向。雙線圈拾音器透過共模排斥力來抵消電流噪音，因為兩個線圈的纏繞方向正好相反，而且兩塊磁鐵的極性也彼此相反。

　　由於其中一組線圈的反向繞線和反向磁鐵會產生與另一組線圈相同方向的訊號，琴弦振動後會在兩個線圈中產生同一方向的電流。另一方面，來自電器、馬達等的電磁干擾則會引發反向的電流，因為它只與線圈的纏繞方向有關，正好與該線圈纏繞的方向相反。

　　拾音器之所以能夠感知到琴弦的振動，是由於兩個線圈中的永久磁鐵北極一個朝上、一個朝下，因此拾音器磁場受到擾動所產生的訊號是同相的、不會相互抵消。噪音因為「破壞性干擾」而消失，真正的訊號則因為「建設性干擾」而增強，造成訊號雜訊比（signal-to-noise ratio）大幅度提升。

　　磁鐵、線圈、極性……真的有那麼複雜嗎？難道沒有一個簡單的參數能幫助我們預估（或是設計）聲音的品質？當然有。請繼續閱讀以下由**赫穆‧雷曼**（Helmuth Lemme）撰寫的文章。

電吉他拾音器的祕密

　　音樂圈中有非常多文章在討論不同拾音器的好壞，對於沒有電學背景的人來說，這個主題似乎非常複雜。就電學來說，拾音器其實是很好理解的，這篇文章可以幫助大家了解電學特性和聲音的關聯。

感謝赫穆‧雷曼提供本文，他是《電吉他－技巧和音色》（Elektrogitarren － Technik und Sound）一書和許多吉他電學和訊號放大相關書籍的作者。本文首次於 1986 年 12 月號的《電子音樂人》（Electronic Musician）刊物第 66 ～ 72 頁完整刊登。經過本書作者的精簡和編輯，此篇文章內容更符合目前討論的電吉他與貝斯設計階段。如欲詳閱完整文章，請前往下列網站：http://www.buildyourguitar.com/resources/lemme/

我必須很抱歉地說，大部分的拾音器製造商都會為了增加銷量而散播許多關於拾音器的錯誤訊息，在此我將一一為各位釐清。我並不隸屬於任何廠商或品牌。

拾音器可以簡單分為兩大類，一種是磁鐵式拾音器，另一種是壓電式拾音器。壓電式拾音器可以使用在所有的琴弦種類中（鋼弦、尼龍弦、或羊腸弦）。磁鐵式拾音器包含了磁鐵和線圈，只能使用在鋼弦上。單線圈的拾音器對於來自變壓器、日光燈、和其他干擾源的磁場較為敏感，因此容易出現雜音。雙線圈拾音器則使用兩個特殊安裝的線圈來抑制上述干擾。由於雙線圈的電路設計採取反相布線，因此共模訊號（也就是以同等振幅發射至兩個線圈的訊號，如雜音）會相互抵消。

不同拾音器的磁鐵位置都不一樣。有些拾音器會將磁鐵條或磁鐵棒直接插在線圈中；有些則是將磁鐵設置在線圈下方，並在線圈中心置入軟的鐵條。通常這些鐵條都是螺絲，因此不同高度的琴弦，都可以透過線圈上的螺絲來調整高低。拾音器可能附有覆蓋和保護用的金屬罩、無法防止電磁干擾的塑膠罩、或是只用絕緣膠帶來保護銅線。磁場線會透過線圈和一小部分的琴弦發散出來。當琴弦靜止時，通過線圈的磁通量會保持穩定；撥動琴弦振動時，磁通量會跟著改變，進而在線圈中產生電壓。琴弦的振動頻率會產生交流電壓，電壓則與琴弦的運動速度（而不是與振幅）成正比。此外，電壓也會根據琴弦的粗細和磁鐵的導磁率、磁場、以及磁極和琴弦的距離而有所不同。

我們無法通盤理解市面上所有的拾音器。除了本來就安裝在吉他上的拾音器，也可從專門生產拾音器、不生產吉他的廠牌那兒買到汰換用的拾音器。準確地說，拾音器本身不會發出聲音，它只具備「傳遞特性」，傳遞來自琴弦的聲音並且改變這個訊號，方式各有特色。例如：將 Gibson 的雙線圈拾音器裝在 Les Paul 上和裝在 Super400 CES 上所聽到的聲音完全不一樣。如果將最好的拾音器安裝在設計不良的吉他上也是毫無用武之地。基本原則是：輸入差的訊號，出去的也會是差的訊號！

電磁式拾音器不像其他電能轉換器一樣具有可移動的零件（麥克風、喇叭、唱片拾音器等），只有磁場線會改變，但並不具有任何質量。

拾音器就是迴路

琴弦振動時會與磁場線相切，在線圈內產生交流電壓。因此，拾音器就像一部帶有電子零件的交流發電機一樣：電感（L）和電阻（R）相互串聯，並且平行於纏繞的電容（C）。雖然右圖是一張簡化圖，但有助於我們了解拾音器的運作方式。

很多人都以為只要測量電阻（單位為歐姆 Ohm）就能了解拾音器，這個觀念太過簡化、完全錯誤。

很顯然地，最重要的數值應該是**電感**（單位為亨利 Henries），簡單來說就是線圈和磁場互動後產生電力訊號的能力。電阻和電容的影響甚小，可以省略至第一近似值。

外部負載包括電阻（電位器、以及任何在音箱輸入端的接地電阻）和電容（產生自吉他導線的熱鉛線和護套之間）。在拾音器線圈的電感和導線的電容之間還有電力共振。**以上所有**

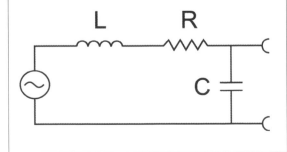

因素相加，導致了一段帶有振幅高峰的共振頻率。當你認識了這些因素（共振頻率和共振的高峰值），**就等於知道 90% 的拾音器傳遞特徵。**這兩個參數即是影響拾音器音色的關鍵「祕密」。

意思是：

● 在共振頻率範圍內的泛音會被放大
● 在共振頻率範圍外的泛音則會被大幅地削弱
● 遠低於共振頻率的基本振動和泛音不會改變

（泛音是指系統的自然共振，以琴弦為例，通常與諧波，也就是基本頻率的倍數有關）。不可忽略上述的導線電容，由於每一條導線的電容不同，因此使用不同的導線將會改變共振頻率，進而影響整體音色。

有些討論電吉他拾音器的書籍**過度地強調電阻和磁鐵的材質**，其實電阻對訊號放大的影響非常小。有些關於「Alnico（鋁鎳鈷合金磁鐵）五號和 Alnico（鋁鎳鈷合金磁鐵）二號」的描述則完全是誤導。許多「拾音器專家」甚至沒聽過「電感」這個名詞。這類書籍的觀點非常過時，自然也沒有參考價值。

拾音器的正確觀念應該是：拾音器、電位器、導線的電容、和電流輸入阻抗**應該視為一個系統，不應各自拆開討論**。拾音器從琴弦接收到的訊號並非單靠拾音器作用，而是受到整個系統的影響。

上述系統中還包括吉他的導線。不同的導線會傳遞不同的音色！這很遺憾卻也是事實！你可以簡單地查看一下。少數拾音器製造商清楚明白這一點，但他們選擇隱藏這個訊息。大部分的製造商則似乎毫無概念。

共振如何影響音色

大部分拾音器和導線組合的共振頻率落在 2000 ～ 5000 赫茲，這是人耳最敏銳的頻率範圍。主觀上我們可以大致將頻率對應到不同音色：2000 赫茲的聲音較為溫暖且圓潤、3000 赫茲的聲音較為明亮且明顯、4000 赫茲的聲音會刺耳、5000 赫茲以上的聲音既尖銳且單薄。音色也會因為峰值不同而有所差異：高峰值的音色比較強且有個性；低峰值的音色較弱。大多數拾音器的峰值落在 1 ～ 4（0 ～ 12 分貝）之間。

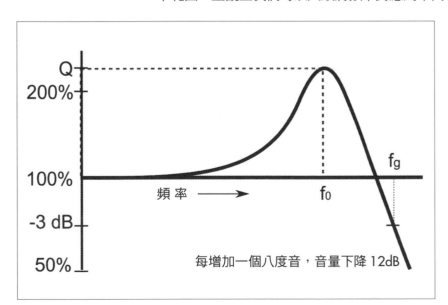

磁力拾音器的基礎頻率響應。波峰的位置和高度會改變，進而影響特定拾音器的響應。

單線圈 vs. 雙線圈的響應

下圖中顯示的圖形（電阻和電容對音色的影響）僅限於單線圈拾音器。由於琴弦的振動在同一時間被兩個拾音器接收，雙線圈拾音器的高頻端會有一些缺口（notch）。高頻泛音波形的波峰和波谷同時在兩極產生，因此會相互抵消。單線圈和雙線圈拾音器的音色差異其實並沒有那麼多。以單線圈拾音器來創造高頻音的主要原因是電感減半而造成高頻音放大。訊號是由單一線圈，而不是雙線圈接收雖然也有關係，但影響很小。只有在共振頻率保持恆定時，才能透過切換比較出差異。

無論如何，比拾音器種類（單線圈或雙線圈）更重要的是頻率曲線。下圖這款 1970 年製造的霍爾（Hoyer）拾音器，看起來像有雙線圈，實際上只有單線圈、電容 470pF，圖中顯示出五種不同的電阻負載。這把吉他使用 250k 的電位器，由於金屬零件中有著很強的渦電流（感應的磁場抵消了原來磁場的變化），所以幾乎沒有共振，使得音色非常平淡，從下圖中可以很清楚地看出來。

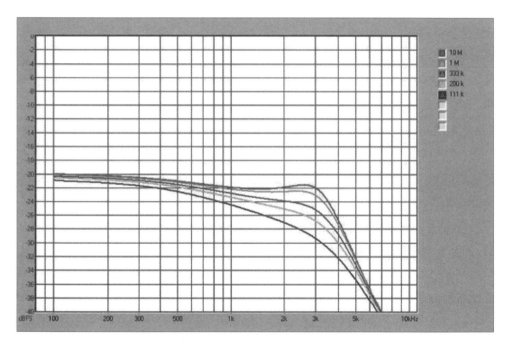

一款劣質拾音器的響應，完全沒有共振頻率高峰。

總結

建議在探討音色時，應該對拾音器、電位器、導線的電容、和音箱輸入阻抗進行整體評估。來自琴弦的訊號並非單靠拾音器作用，而是受到整個系統的影響。如果將它們全部拆開分析，將會見樹不見林。

拾音器的組合

大多數 70 年代所生產的吉他（包含 Fender 和 Gibson）通常都會在不同部位使用的同一款拾音器，所以音色完全取決於拾音器的位置。現在常見的做法是在不同部位使用不同的拾音器，例如在靠近琴橋端使用出力較大（輸出較大）的拾音器。

最常見的組合方式是在琴橋端使用出力大、輸出大的拾音器，並且在琴頸端使用音色乾淨的拾音器。其他類似但較為極端的方法是，在琴頸端使用單線圈拾音器、在琴橋端使用雙線圈拾音器。如果你只需要這兩種音色，理論上這是一個好方法。一旦你將兩個拾音器組合在一起後（以常見方式——並排和同相布線，不使用主動式電子元件），你會發現組合的效果和較弱的單一琴頸拾音器並無太大差別。

也許你認為琴橋端的拾音器具有較強的主導性，事實卻正好相反！這是因為兩個拾音器的阻抗相差太大所造成，低阻抗的單線圈拾音器會消耗掉雙線圈的高阻抗。可是單線圈的低阻抗幾乎不受到雙線圈高阻抗的影響。

當你貪心地想在一把吉他上做出太多元的變化時，就會發生這種拾音器「配置不良」的現象，特別是現場的演出。下列方法可以避免上述情況發生：

● 最好能找到兩個輸出值（電感）相近的拾音器。只要琴橋拾音器和琴頸拾音器的輸出值相同或類似，就能達到不錯的組合效果。想想看 Telecaster 的做法：琴橋拾音器的圈數有 9200 圈，琴頸拾音器則只有 8000 圈，但由於琴頸使用較細的銅線，使得兩個拾音器達到很好的電感平衡，成為絕佳的組合。

● 使用雙聲道設定能夠分別優化兩個不同的拾音器。但擴大器端的設定也會比較複雜（需要使用立體音響或兩個音響）。

● 許多拾音器製造商都推出了琴頸／琴橋的拾音器組合，琴橋拾音器的纏繞圈數通常較多，以提升輸出的力道（同時也彌補琴橋端琴弦振動較少的狀況）和增加一些中頻音，讓琴頸和琴橋拾音器達到平衡。

● 使用主動式電子元件來解決拾音器配置不良的問題。

獨奏時的切換

有些吉他手喜歡利用拾音器的切換開關，在刷合弦伴奏時使用音量較小的拾音器，獨奏時切換到音量較大的拾音器。這兩種拾音器通常無法達到很好的平衡，但如果你不同時使用兩個拾音器其實也沒什麼大礙。「獨奏切換」最常見的做法是在琴橋拾音器上使用出力大的雙線圈，在琴頸端則使用電感較小的拾音器（例如單線圈或經典的雙線圈）。但請記得，獨奏切換也代表會失去兩個拾音器結合起來的音色。

被動式和主動式拾音器組合

只要被動式拾音器具備前級、或主動式拾音器具備串聯電阻，就可以當做被動式拾音器使用。當然如果是後者，就沒有使用主動式拾音器的必要。一般來說，這樣的組合並不值得這樣嘗試，除非你剛好喜歡電子實驗。

造訪不同拾音器廠牌的網站，參考它們針對拾音器的組合建議（詳閱附錄C的廠牌清單）。有些廠牌會提供聲音的範例和互動工具幫助你比較不同組合的差異。你不一定要真的買，但可以藉此了解不同廠牌採取的組合標準。

拾音器的位置

　　拾音器應該安裝在哪呢？應該是能讓拾音器發揮出最大功效的位置。琴弦的振動很複雜，它是由好幾種不同的振動模式重疊而成。下圖中，正弦曲線代表著八種振動模式：

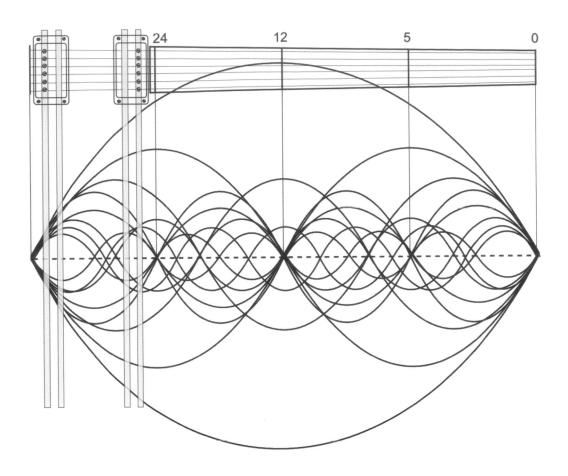

　　最大的曲線代表最基本的模式，之後每一個泛音的振動力道會愈來愈小，音頻則比前一個高、無限延伸。**圖中四個灰色直條區塊代表的是拾音器的磁鐵位置，可看出它們是如何「辨別」不同的振動。**改變拾音器的位置，就會改變振動模式被拾音器接收的方式。在這張圖中，灰色區塊（磁鐵）都剛好閃過曲線的交叉點，也就是曲線數值為零的位置。

第24琴格處曲線交叉點的迷思

　　很多人說如果將拾音器（更準確的說應該是拾音器的磁鐵）對準第 24 個琴格，八種主要振動模式中的其中三種將無法被拾音器接收，因為這三條泛音曲線在該點位置交會，使得數值為零。這種情形在只有 20、21 或 22 琴格的吉他（或一些貝斯）上很常見；因此他們的琴頸拾音器會安裝在距離琴橋四分之一長度的位置。上頁圖片中只顯示出空弦時的振動交叉點。每一條有固定壓弦位置的琴弦振動長度都被縮短，形成新的交叉點；使得每

一個琴格的抵消共振交叉處出現在不同的位置！

此外，磁鐵拾音器的訊號接收範圍比較廣，可以涵蓋大範圍的琴弦而非只是一個點而已（雙線圈的範圍加倍）。所以即使拾音器剛好位在曲線交叉點，它也能感應到該點周圍的振動。

因此，不論在任何位置，都不可能閃過琴弦的曲線交叉點。簡而言之，沒有必要去避開或對準任何一個音色的交叉點。沒錯，拾音器位置的些微改變是會影響到音色，但並沒有所謂的「公式」能夠計算出「正確」的拾音器位置，因為些微的差異並無**客觀**的好壞標準，只是音色不同而已。

那麼，到底該怎麼安裝拾音器呢？

● **琴橋拾音器**：電吉他的琴橋拾音器通常會安裝在距離琴橋幾公厘處。愈靠近琴橋，音色愈高，且輸出音量愈小（因為此處的琴弦振幅較短）。相較於琴頸拾音器，琴橋拾音器的位置改變比較明顯。

在貝斯上，琴橋拾音器最好不要太靠近琴橋，因為我們希望粗弦能有充足的振動幅度。依據弦長規格和個人喜好，琴橋拾音器到琴橋的距離可達到 1 英吋（25.4 公厘）或以上。你可以試著比較相同弦長規格的貝斯在拾音器距離不同時的音色差異。將拾音器放在類似的位置會產生類似的動態響應（不一定是類似的音色響應，除非你使用相同的拾音器）。

● **琴頸拾音器**：吉他的拾音器安裝在靠近指板的末端。通常愈靠近指板愈好，因為音色會比較圓潤、聲音也比較大。如果張力桿的調整處位在指板末端，琴頸末端和琴頸拾音器之間則必須保留一個空間，以便設置調整張力桿的調整處。

在貝斯上，如果需要做到打弦（打放克）的表演，琴頸拾音器和指板末端就必須保留一個空間。

傾斜的拾音器

有些製琴師會傾斜地安裝拾音器，而不與琴弦垂直，讓高音端的磁鐵更靠近琴橋，而低音端的磁鐵可以「讀到」距離琴橋較遠的琴弦振動。這麼做是為了提升整體的音色範圍響應，因為高音端聽起來比較有「撥弦感」、較清脆，低音則會比較「厚重」（參考次頁圖例）：

這樣可行嗎？當然可行，拾音器的響應本來就需要差異。

這樣比較好嗎？沒有標準答案，端看你對音色的喜好而定。再強調一次，並沒有制式的做法，就是不斷嘗試不同的角度和其表現出的音色而已。雙線圈拾音器不建議採用傾斜設計，因為兩塊磁鐵無法對準琴弦。如果單線圈拾音器的傾斜角度過大也發生同樣的問題（參考次頁圖例）。將獨立磁鐵的拾音器改為設有磁鐵條的拾音器就能改善這個問題。

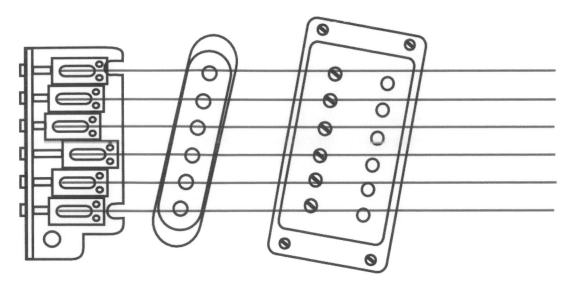

只要琴弦對準磁鐵，傾斜的拾音器就可能改善響應的範圍。

拾音器電路槽

如同名稱一樣，拾音器的電路槽是一個位在琴身正面、用來安裝拾音器的凹槽。每一款拾音器的尺寸不一，拾音器凹槽必須符合拾音器的大小。

附錄 D 收錄了吉他和貝斯拾音器電路槽的模板，圖中並不包含拾音器的深度，因為只需要先知道拾音器的長和寬，再依據琴弦到琴身表面的距離來決定深度即可，有些拾音器會直接鎖在凹槽底部，所以如果挖得太深反而會造成安裝上的問題。

檢核清單

1: 拾音器的選擇

● **聲音的好壞受到許多因素影響，但拾音器是你可以直接控制的因素**。盡可能選擇最好的拾音器，大部分廠牌都會提供音色檔做為參考；你可以上網試聽，但記住：「貴不一定等於好」（當然大部分便宜貨都與劣質品畫上等號）。

● **真正影響拾音器音色的參數**是它的共振曲線。不要只注意拾音器的電阻值。

● **拾音器的風格要配合音樂風格**。別忘了製琴的最終產品是音樂而不是吉他。應該避免顯而易見的錯誤，例如在爵士吉他上安裝出力超大的主動式拾音器。當然還是有許多很好的拾音器能達到相當多元的音色表現。

● **給完美主義者**。雖然拾音器的尺寸還算一致，仍應確認拾音器的磁鐵位置是否能夠對準琴弦。

● **雙線圈還是單線圈呢**？兩者的差異是：單線圈的聲音較為明亮乾淨，雙線圈的聲音較為溫暖厚實。比較如下：

單線圈的電感較低→輸出小→高頻共振較多→音色較明亮（高頻音較明顯）

雙線圈的電感較高→輸出大→低頻共振較多→音色較溫暖（中頻音較明顯）

2: 拾音器的組合

（僅適用於被動式拾音器）

● **單線圈和雙線圈的不容易組合**，除非兩者的電感值相容（不常見）。

● **出力大和清晰度只能二選一**。低電感的拾音器聲音較乾淨、透徹，但出力較小。高電感的拾音器聲音較強、出力大、聲音力道強。「**力道強**」與「**圓潤**」**兩種特色無法並存**。盡量選用兩個電感、或至少電阻值相近的拾音器。或者使用主動式拾音器（詳見第 11 章〈吉他與貝斯之電路〉）。

● **理想上**，你可以找到音色能夠平衡又不失各自特色的拾音器組合。通常這代表在琴橋端選用出力較大、中低頻較多的拾音器，然後搭配經典、高音較明顯的琴頸拾音器。這樣一來，不用音箱端做特殊設定也能得到多元的音色。

3: 拾音器的位置

● 吉他上的拾音器可以靠近琴橋端；在貝斯上則需預留一點空間。

● **傾斜**：單線圈拾音器可以傾斜設計（在合理的情況下），但通常不適用於雙線圈拾音器。

其他建議：

● **給完美主義者**。你可以試試看在拾音器上裝有金屬罩和沒有金屬罩時的音色差異。金屬罩本身會擾動磁場、吸收些微能量、使共振曲線變得比較扁平。有時候這是可以感覺出來的，通常無金屬罩拾音器的音色都會好一些。但金屬罩可能看起來比較美觀——真是讓人難以取捨，也或許不是。

　　所有計算和討論都進行了之後，最重要的還是音色。花一個下午到樂器行（或是去一位收藏家的朋友那兒拜訪）試試不同的吉他，你會有很多收穫，不只是拾音器！

⑩ 控制旋鈕設計

- ● 控制旋鈕的類型：音量、音色、混合等
- ● 主音量和獨立音量控制旋鈕
- ● 拾音器切換開關：類型和功能
- ● 模式：串聯／並聯、同相／反相
- ● 旋鈕與導線孔

「我真的很想把大提琴拉得像賈桂琳・杜・
普蕾一樣好，於是我開始練琴，但當我發現
我必須把此生都奉獻給大提琴時，我選擇回
來彈吉他，並且把音量調大。」

—— 瑞奇・布萊克摩爾
（英國吉他手、深紫色樂團的創始團員）

基礎

控制旋鈕的設計哲學
愈簡單愈好

控制旋鈕會改變從拾音器傳來的訊號，進而改變音色，不多也不少。

吉他的控制旋鈕是彈奏者和樂器之間的介面。這可能衍生出錯誤的觀念：吉他的控
制旋鈕愈多，彈奏者對吉他的掌控就愈高。事實上，如果吉他控制旋鈕過多，可能會導致
下列問題：

- ► 雜亂的旋鈕和開關不管在位置上（彼此太靠近）和功能上都會相互影響。
- ► 吉他的操作會變得很複雜。
- ► 或許能做比較多變化，但並非所有都合用和必要。例如一個三相開關可以做二十一種

聲音變化（線圈分割、同相和反相等等），但可能只有四～五種有趣，而這剛好也是一個拾音器切換開關能做到的變化量。

● 太多控制旋鈕會讓吉他看起來不簡潔。

控制鈕的設計

這些控制旋鈕應該遵照好的設計概念，符合吉他操作時的需求。Les Paul 有四個旋鈕，由於每一把吉他的旋鈕功能都不太一樣，每次彈奏時我都要先轉動不同的旋鈕來確認音色的差異。然後我必須特別去記每一個旋鈕的功能。

Stratocaster 的旋鈕操作方式不太直覺。它的三個拾音器應該是由一個音量旋鈕來控制（到目前為止都還好，很明顯這就是主音量旋鈕），但接下來卻有兩個音色旋鈕。因為上面寫著「音色」，所以你知道它們可以用來控制音色。但是兩個音色旋鈕到底該怎麼控制三個拾音器？這你就可要翻閱操作手冊才知道了……

良好的控制旋鈕設計應盡量採用空間類比法（spatial analogies）。例如：如果你的吉他有兩個拾音器，各自搭配其音量控制旋鈕，靠近琴頸的旋鈕就應該用來控制琴頸拾音器，靠近琴橋的旋鈕則用來控制琴橋拾音器。

好的控制旋鈕還要能提供有關該裝置的準確訊息，但可惜在吉他上並不常見。如果你能觀察一下滑鈕，看滑鈕的位置就能知道調整的程度。但是滑鈕並不適用在吉他上，因為你必須看到它才能知道當下的狀態。這表示你必須去感受圓形的旋鈕，雖然它會固定在同一個位置，但也不太容易看出當下的狀態。

有些吉他會讓你知道是否接收到訊號。訊號通過就會發亮的小型 LED 燈就是一個很有趣的設計案例（讓人想到 YAMAHA RGX 系列）。

電吉他和貝斯的控制旋鈕

吉他或貝斯上的控制旋鈕通常包括音量控制旋鈕、音色控制旋鈕（通稱為「等化控制鈕」）、和切換開關。下面就讓我們來深入探討這些零件吧。

進階

控制旋鈕的設計哲學

音量控制旋鈕

如果你的吉他只有一個旋鈕，通常會是音量旋鈕，這是吉他最基本的控制旋鈕。如果這個音量控制旋鈕可以控制整把吉他（也就是同時控制所有拾音器），就是所謂的「主音量」控制旋鈕。

理所當然，音量控制旋鈕會影響訊號從吉他傳到音箱的強度（訊號的振幅）。

設計所要決定的是使用一個主音量控制旋鈕就好、或是分開控制每一個拾音器。這是涉及了功能面和靈活性的選擇。你看過控制旋鈕中的經典（噢，而且是絕美的）設計 Alembic bass 嗎？它的控制旋鈕多到讓你彷彿像是駕駛一台太空梭重返大氣層安全降落一樣。雖然控制起來非常靈活，缺點則是比較複雜。

一個拾音器搭配一個獨立控制旋鈕的做法，可以調整出較大的音色差異，但你需要交互地調整兩個拾音器直到獲取理想的音色為止。在燈光昏暗和即時的現場演出場合，使用一個主音量控制旋鈕會比較實際。

拾音器獨立控制旋鈕的問題

市面上有許多設計成雙控制旋鈕的型號。Les Paul 有兩個音色控制和兩個音量控制旋鈕（像 Stratocaster 一樣）。貝斯也是如此：Fender Jazz Bass 使用兩個音量控制旋鈕。

如果你希望每一個拾音器都有各自獨立的控制旋鈕，必須注意隨之而來的電路問題：調低一個音量旋鈕會影響兩個拾音器，因為音量旋鈕是並聯的，所以當其中一個的音量調低，整體的輸出訊號就會短路到接地端。

常用的解決辦法是將輸入端和輸出端調換過來（參考第 11 章的配線圖）。注意，這裡還有一個問題：當兩個音量旋鈕都轉到最大時，從拾音器來的音色不會有問題，然而一旦你將其中一個音量調低，就會降低共振頻率的高峰值（已於前一章節討論過），使音色變得很平淡。當音量來到 80%，音色就表現不出來。如果音量再調低，音色就會變得很普通。

獨立的音色旋鈕也有同樣的問題。連接一些外加的電容器可以減少這個情形，使用主動式電子元件則能完全改善。

混合控制旋鈕

混合（或稱為「平衡」）控制旋鈕很有趣。這是一種可以同時控制兩個拾音器的電位器。當調到中間時，兩個拾音器的音量都達到 100%。如果把它完全調到某一側，代表其中一個拾音器的音量是 100%，而另一個是 0，視調整方向而定。

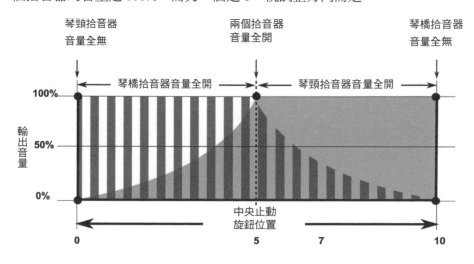

上頁圖中，當旋鈕全部調到某一側時，只會有一個拾音器（琴頸或琴橋）有聲音；當旋鈕調到中間時（在 5 的位置），兩個拾音器都是全開狀態。當旋鈕朝向任一側調整，即可創造出兩個音量混合的效果。

混合控制旋鈕的問題

混合控制旋鈕和主音量旋鈕可以做很好的搭配。但必須注意，如果兩者之間沒有安裝緩衝擴大器的話，就會出現像多個電位器迴路一樣的問題（一個電位器會同時影響兩個拾音器）。

實務上，混合控制旋鈕只建議使用在有主動式電子元件的迴路中（也就是有內建前級訊號放大裝置的吉他）。拾音器切換開關（Les Paul 和 Stratocaster 都使用此裝置）操作起來比較簡單且快速，這也是為什麼大部分的人比較喜歡用拾音器切換開關而非混合控制器的原因。

音色控制旋鈕（或稱為等化控制旋鈕）

音色控制旋鈕的功能是利用過濾掉選定的頻率來產生較多「高音」或「低音」的訊號，也可以說是高階諧波的多寡。一個（或一組）拾音器搭配獨立音色控制旋鈕的做法很受歡迎：Les Paul 的標準做法就是這樣。但是，兩個音色控制旋鈕又會產生與上述兩個音量旋鈕相同的問題！

多個音色控制旋鈕的設計，在同時有單線圈拾音器和雙線圈拾音器的吉他上並不算罕見，因為兩個拾音器都需要與特性相異的電子零件連結（下一章將深入討論）。

最實際的解決辦法是使用主音色控制旋鈕：不論你專不專業，都可以直接透過調整效果器或音箱來做更深入的音色表現。

較精準的音色控制方式可以使用等化器（EQ）。等化器上面有著許多用來控制特定頻率範圍的旋鈕。其中又以三段等化器最為常見，分別控制高、中、低頻。常見於使用主動式電子元件的貝斯上。

完全沒有控制旋鈕！

拾音器也可以直接連接到導線孔，讓所有的參數都由音箱來控制。這種特殊的設計在概念吉他、藝人的客製化吉他、或極簡的貝斯上大致行得通。實務上並不建議這樣做，除非你的吉他只注重外觀，完全忽略功能。除了無法調整音量和音色外，這種完全沒有控制旋鈕的吉他可能還會遇到下列問題：

● 拾音器沒有電阻負載（因為沒有任何控制鈕）。音色會因此受到影響，所以在下決定之前必須先進行測試；整體來說，音色較為尖銳。
● 吉他變得非常「敏銳」，連琴弦上的手指動作都會聽得一清二楚。
● 如果從音箱傳來尖銳的回授噪音，你可能需要用手悶住琴弦，或將音箱的音量調小。

拾音器切換開關

　　拾音器切換開關的定義是：一種透過切斷電路、或將電流切分到不同導體的方式，來切斷電流迴路的零組件。

功能

　　拾音器切換開關可以用來：

1. **選擇啟用哪一個拾音器**
2. **分接線圈**，也就是透過將雙線圈拾音器中的一個線圈從迴路中分開，使其能像單線圈一樣作用。這個功能很實用，因為它能讓裝有雙線圈拾音器的吉他發出單線圈拾音器的聲音（僅限於有四條線的雙線圈拾音器）。但是分接線圈會使輸出的音量下修，根據我的經驗，不是所有吉他手都能接受這樣的情況。此外，這樣的音色無法跟真的單線圈拾音器相提並論，除了幾種不像一般 Gibson 拾音器的特殊雙線圈拾音器型號。
3. **設定拾音器或線圈的配線方式**，也就是**串聯**或**並聯**拾音器。

　　串聯指的是將零組件（線圈或拾音器）以連續的方式頭尾相接。這種接法雖然會損失一些高音頻率，但輸出力道比較大，適合做破音效果。

　　並聯是指將所有線圈的頭端（輸入端）相接、所有的尾端（輸出端）也相接。這種接法會讓聲音較亮。

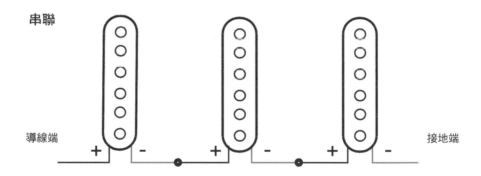

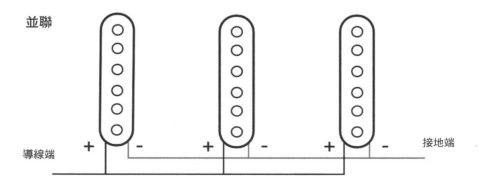

4. 設定線圈的相位關係

改變兩個拾音器（或一個拾音器中的兩個線圈）的相位關係代表將線圈的極性轉向。線圈的尾端不接在該線圈的頭端，而是另一個線圈的尾端（參考下圖）。組合方式如下：

● **同相串聯**：這是雙線圈拾音器的標準布線方式，能傳遞最大的輸出訊號。採用這種布線方式，低頻音會成為主導，產生像 Les Paul 一樣溫暖又有滑順起音的音色。由於這種布線方式能消除雜音，因此不會受到燈泡或其他裝置的電磁干擾。

● **反相串聯**：聲音比較單薄，有放克的味道，整體音量足夠。

● **同相並聯**：單線圈類型的聲音，因為輸出低，所以音色乾淨且明亮。高頻音和起音的表現都很好。能消除雜音。

● **反相並聯**：聲音比較單薄，有放克的味道，但音量偏小。

反相布線比較不受歡迎，主要是因為它特殊的「飛梭」（phaser）聲，而且無法消除雜音。兩個拾音器都做反相布線時，飛梭效果會比只有單一拾音器做反相布線來得明顯。

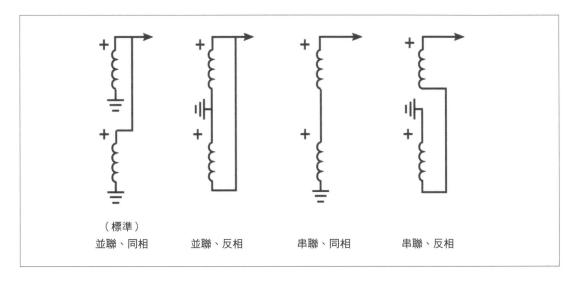

（標準）
並聯、同相　　　並聯、反相　　　串聯、同相　　　串聯、反相

拾音器通常採取「同相」連接；「反相」連接的聲音較薄、高音較多、且音量較小。

電吉他上的拾音器切換開關

大部分使用在吉他和貝斯上的拾音器切換開關有：

● **搖頭切換開關**

● **閘刀切換開關**

● **旋轉式切換開關**

我們先來認識這些切換開關的基本特徵。下一章〈吉他與貝斯的電路〉會再深入解釋他們的組裝和連接方式。

搖頭切換開關

搖頭開關的切換桿比較短，以一個固定支點為中心放射旋轉（例如 Les Paul 著名的「節奏 Rhythm ／高音 treble」切換開關）。搖桿在中間位置代表兩個拾音器都是開啟狀態。

閘刀切換開關

由於 Stratocaster 有三個拾音器，因此使用五段式的閘刀切換開關來啟動不同的拾音器組合。拾音器的啟動與否雖然取決於其配線方式，但標準的組合方式如下：

1. 僅啟動琴頸拾音器
2. 啟動琴頸＋中間拾音器
3. 僅啟動中間拾音器
4. 啟動中間＋琴橋拾音器
5. 僅啟動琴橋拾音器

第二和第四種組合能夠消除雜音，因為中間拾音器的繞線方向和極性都是相反的。

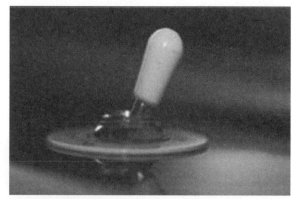

三段式搖頭切換開關，為 Les Paul 採用。

旋轉式切換開關

旋轉式切換開關有一個轉軸或轉子，周圍環繞著多個終端。轉子轉動時會連接不同的終端，然後啟動相對應的迴路。這種開關設有止動機制，所以當你轉到一個連接點時會聽到「咔」的一聲。大家所熟悉的 PRS 吉他就是採用這種開關；每一個位置都代表不同的拾音器／線圈組合。標準的組合方式如下：

1. 僅啟動琴頸拾音器
2. 線圈分接（外側的線圈）、並聯
3. 線圈分接（外側的線圈）、串聯
4. 線圈分接（內側的線圈）、並聯
5. 僅啟動琴橋拾音器

一般對於這種拾音器切換開關的批評是：

● 需要時間來適應，特別是已經習慣五段式閘刀開關的彈奏者。

一般的閘刀切換開關，為 Stratocaster 採用。

旋轉式切換開關，這個開關可以選擇不同的電容值，影響拾音器共振頻率的峰值。（更多資訊請上此網站查詢 www.gitarrenelektronik.de）

●無法同時啟動兩個雙線圈拾音器，就像 Stratocaster 無法同時啟動所有拾音器一樣。

●和其他兩種開關比起來，這種方式不容易看出拾音器的狀態。

控制旋鈕

這裡會出什麼錯嗎？不就是一個塑膠旋鈕嗎？下列是一些不必要的特徵或錯誤的旋鈕設計：

●**尺寸錯誤**。旋鈕愈小愈不好轉動。建議尺寸最小應該在 5/8 ～ 7/8 英吋之間（16 ～ 22 公厘）。不只要方便安裝，也要夠大，使用時才舒適。但又不可以過大，因為彈奏者通常都是用小姆指來滑動它（其他手指已經夠忙了！）

●**表面過於光滑**。旋鈕表面要有摩擦力才方便使用——除非你把美感擺第一。金屬旋鈕通常會加上表面紋路（或稱為滾花）來增加摩擦力；塑膠旋鈕則會加上肋紋來達到相同的效果。

●**缺乏狀態指示**。有時候你需要快速地查看旋鈕目前的設定情況。旋鈕上可以加上一個點、刻度、金屬標示、或任何方便判斷的記號，調整的時候才不用猜測，除非你的旋鈕永遠都保持在 11 的位置。

●**非圓柱狀、不規則的旋鈕**。這種旋鈕的表面通常會有邊邊角角而不是平滑的。例如：公雞頭造型（通常裝在音箱的正面板而不是吉他上）、骰子造型、骷顱頭造型等旋鈕。這些設計雖然很酷但不符合人體工學。

導線孔

導線孔通常位在樂器的側面（Les Paul）或在正面（Stratocaster）。這部分不需要太多創意：導線孔只要盡可能地遠離身體就可以了。Telecaster 的導線孔的位置非常好：設計得既周詳又謹慎，形狀像是一個小漏斗，讓彈奏者更容易插入導線。Stratocaster 也有類似的導線孔，設置在琴身的正面，由於你可以直接看得到，因此不但簡化了插入導線的動作，也很美觀。將這樣的設計運用在自己的吉他上非常實際，但不具創意；一看就知道是從 Fender 抄來的。

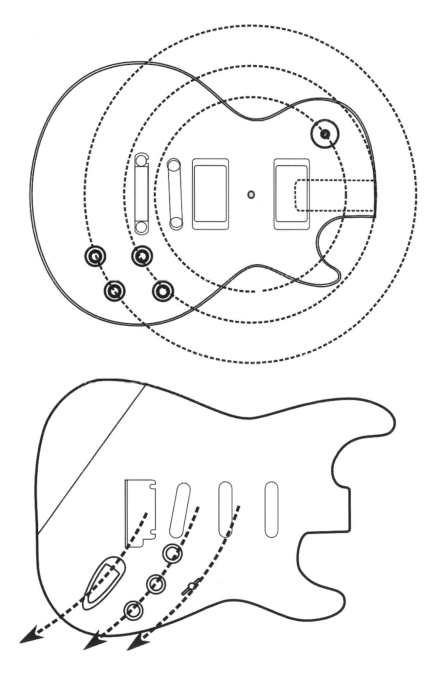

控制旋鈕的位置

控制旋鈕應該安裝在什麼位置呢？讓我們再次用經典的案例來解說。

Les Paul 的旋鈕排列成一個菱形。如果從琴腰的中心畫出同心圓，旋鈕剛好會落在同心圓上。值得注意的是，兩個音量旋鈕的弧度剛好與上琴身的弧度吻合，營造出視覺的平衡。

Stratocaster 的控制旋鈕則順著演奏者彈奏時手部的自然運動弧度排列：剛好是演奏者右手前臂以手肘為中心畫出的放射狀弧度。第一個旋鈕非常容易找到，完全不用看。其他的零件（導線孔、拾音器切換開關）也都順著同一條線，這完全是以人為本的設計啊！

不論如何，應避免將控制旋鈕安裝在太靠近琴弦的位置；這樣會干擾彈奏，例如你在刷和弦時的動作會打到這些控制旋鈕。但也不要離得太遠：因為還是要讓右手方便地去控制這些旋鈕再快速回來彈奏；甚至有些彈奏技巧會需要在彈奏時同時控制這些旋鈕，例如：范・海倫（Van Halen）的〈教堂〉（Cathedral），影片可在youtube上觀看。

檢核清單

設計絕佳的控制旋鈕

　　保羅・史丹利（Paul Stanley）曾說：「一把好吉他只需要一個音量旋鈕和一個音色旋鈕就夠了。如果這對你行不通，那你就需要一把新的吉他了。」因此，好的控制旋鈕必須具備下列特徵：

● 直覺式的操作。看控制旋鈕的位置就能判斷哪一個旋鈕控制哪一個變數，一定要簡單易懂。

● 要夠靈活，但不要太複雜。

● 要實際，以樂器本身的基本功能為導向。

● 操作簡單且舒服（想想看旋鈕的形狀、尺寸、和間距）。

● 排列位置應符合琴身的幾何形狀或人體工學，最好兩者都符合。

● 排列時先考量主音量旋鈕的位置，其次才是獨立的音量旋鈕。最常使用的控制旋鈕（通常是主音量旋鈕）應該要靠近琴橋。

● 最理想的狀況是，所有聲音設定的調整都不應該超過兩個動作。如果你需要接觸兩個以上的切換開關或旋鈕才能改變音色，那就要重新思考旋鈕的設計。

　　其他建議：

● 避免設計一款沒有任何控制旋鈕的吉他。想做一款概念吉他嗎？就算你的設計重點在於它的外觀，還是要有控制旋鈕，你可以將它們藏起來，但不要完全捨去。

● 該選擇搖頭或閘刀式的切換開關？其實各有好處，閘刀開關可以切換比較多的音色，但安裝起來比較困難；需在琴身或護板上做出一條狹長的縫隙（使用一把超小型的刨刀製作，有它的難度）。搖頭開關只需要一個大小適中的槽孔就可以安裝了，但它僅能做到三段音色切換而非五段（對兩個拾音器來說也夠了）。

　　一旦你決定了吉他的控制旋鈕後，你只需要將這個介面安裝在吉他上。接下來，我們將進入吉他和貝斯的電路世界。

望它被不小心碰到。

為什麼這個旋鈕會用膠帶
貼住呢？因為它控制著
「噴煙」效果，我們不希
望它被不小心碰到。

⑪ 吉他和貝斯的電路

- 電位器和電容器：類型、電阻值及其對音色的影響
- 經典的電路圖
- 接地：避免雜音和觸電
- 主動式和被動式電子元件：優點和缺點
- 如何連接電路零件

奈吉爾：「（操著濃濃的英國腔一邊嚼著口香糖）你知道嗎？大部分的人都把吉他音量開到 10。你已經開到 10 了，接下來呢？」

瑪堤：「我不知道。」

奈吉爾：「是啊，沒辦法。但如果我們就是想再開大聲一點，知道該怎麼做嗎？」

瑪堤：「開到 11 吧。」

奈吉爾：「沒錯，就是再大聲一格。」

瑪堤：「怎麼不乾脆把 10 做大聲一點？最大數字是 10，然後加大聲一點點？」

奈吉爾：「（停頓後帶點疑惑）：這樣就是 11 啊。」

——偽紀錄片《搖滾萬萬歲》（This Is Spinal Tap）
（羅勃雷納，美國，1984）

基礎

本章的目標是協助你畫出電吉他的電路圖。上一章節中，我們是從介面的角度來討論不同的控制變數，現在則將它們當做實體的零件。所有的控制旋鈕都會有一個（或多個）對應的實體電子零件，透過電路圖，控制旋鈕的設計就能轉變成吉他的規格。

電子零件

電位器

電位器是控制音量和音色的實體零件，它是一種可變電阻器。有了音量電位器，就可以調整從拾音器傳遞到音箱的訊號多寡。當吉他音量開到最大時，代表電位器完全不干擾任何通過的訊號；相反的，當吉他音量調整到零，代表電位器將所有的訊號接地。

音色電位器的概念也很類似，但只會影響到訊號的一部分頻率、而非訊號整體。限制哪一種訊號（及其程度多寡）可以傳遞到音箱，電位器可以依照下面兩個參數做分類：

● **錐度**，可以分為線性錐度和對數錐度。

● **電阻值**，以千歐姆為單位，符號為 KΩ 或直接以 K 表示。

這是一個電位器，注意被劈成兩半和有刻槽設計的中軸，只有特殊的旋鈕才能套入。

電位器錐度

線性式電位器的中軸在轉動時，訊號會產生一致的變化；對數式電位器在調整時，訊號則呈現下圖中的實心曲線。電吉他上的電位器通常採用對數式，因為人耳對於音量大小的辨識也是對數式（音量強度的測量單位是分貝，與測量單位為焦耳的聲音能量有著密切的關連）。如果使用線性式電位器，會感覺到音量突然增大，中段音量的改變很劇烈，而不是緩和的。對數式電位器（也稱為聲頻錐度電位器）的音量控制比較滑順。如果符合你的個人需求，你當然也可以選用線性式電位器。美國主要的吉他廠牌都不採用線性式電位器，而且主要的吉他零件供應商也沒有相關庫存。**至於控制音色的電位器，為了達到相似的效果，我們也都只採用對數式電位器。**

電位器的電阻值

最常見的單線圈音量電位器的電阻值是 250K，雙線圈則是 500K。電阻值愈低的電位器，會將愈多的高音頻導入接地端。雙線圈拾音器則需要保留較多的高音頻，否則聲音聽起來會太過「溫暖」。

電阻值超過一百萬歐姆（1000K 或

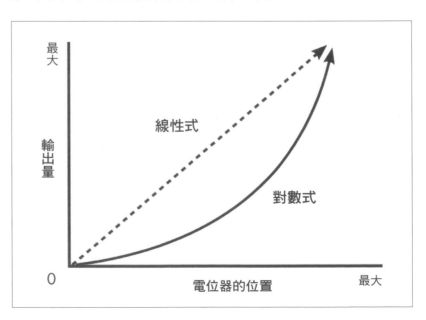

1M）的電位器最響亮，搭配大輸出量的拾音器有時候可以做出很棒的效果。但是搭配標準的拾音器時，可能會顯得太刺耳。

主動式吉他（電路中安裝了前級擴大機）的音量和音色旋鈕則一致使用 25K 的音量和音色電位器，電阻值比被動式吉他的電位器還要低。

然而，上述情形並不是絕對的，最好還是根據聲音本身來決定。自己試試看，找到你最喜歡的規格。

「壓／拉式」和「壓／壓式」的電位器

壓／拉式電位器是很有趣的零件；它是電位器和切換開關的組合。因為一個零件就具備了兩種功能，因此不用再增加多餘的旋鈕。它能用來：

● 控制拾音器的音量和音色
● 控制音量或音色、和模式（線圈分接、串聯／並聯、同相或反相布線）

壓／壓式的作用類似，但它的內部有一個彈簧裝置，因此採用按壓的方式來切換兩個不同的狀態，操作起來簡單許多。

同心圓雙旋鈕

還記得那些老車上的收音機雙旋鈕嗎？外層的旋鈕用來搜尋電台，內層的旋鈕用來控制音量。那是一種雙電位器。如果將此運用在 Les Paul 上，就可以只設置兩個旋鈕，而不用四個旋鈕了。

但隨之而來也會產生一些矛盾。同心圓雙旋鈕雖然可以減少旋鈕的數量，但由於它的配線方式不像四個旋鈕一樣能夠符合樂器的變數，因此無法簡化操作方式。使用同一個旋鈕來控制兩個變數需要一段時間才能上手。雙旋鈕常見於有著主動式電路和等化器的貝斯上，用來減少旋鈕數量。

電位器對音色的影響 [26]

電位器對音色的影響很大，建議使用不同的電位器來測試對音色的影響。電位器的數量、電阻值、和配線方式都會影響音色（共振頻率）：

● 電路中的電位器愈多（電阻值高）＝電路中的電阻愈高＝愈多高頻傳送到音箱。
● 如果電阻以串聯方式連接（尾端對尾端），電阻值會增加。兩個 500K 的電位器串聯會等同於一個 1000K（1M）的電阻。但實際上，所有吉他控制旋鈕的配線都採用並聯的方式，電阻值反而會減半。並聯兩個 500K 的電位器等同於一個 250K 的電阻。

原注 26：參考 Helmuth Lemme《電吉他－技巧和音色》（Elektrogitarren － Technik und Sound）一文。

下圖顯示 1972 年的 Fender Stratocaster 的拾音器，在恆定電容（470 pF）下，搭配從 10K ～ 10M 共八種不同電阻（記得嗎，電位器就是電阻）時的頻率響應差異。

我們可以看到不同電阻的電位器對吉他共振高峰值的影響。電阻低於 47K 時，高峰值就會消失。

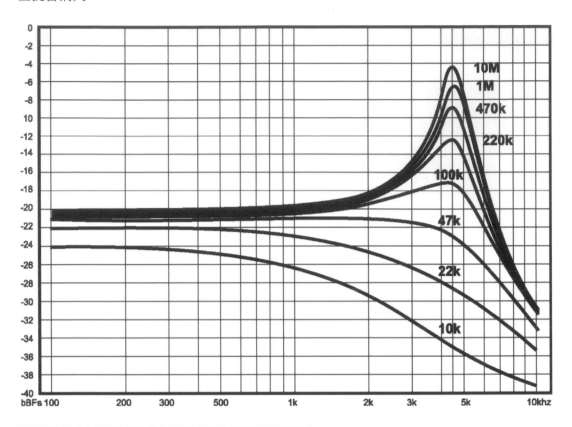

不同電位器（或是電位器的總數量和電阻值）對聲音的影響很大。

電容器

在音色控制旋鈕中使用電容器

音色控制旋鈕的製作方式是將一個電容器連接到音色電位器上，形成「可調式的濾波器」。這表示在調整音色電位器時，只有低頻音會傳遞到導線孔的輸出端，高頻音則會傳到接地端（截止）。

電容值會決定濾波器的截止頻率（低於截止頻率的音頻將全部保留），音色電位器的位置則決定頻率削減的程度。

需特別留意，電容值只有在音色旋鈕調整時才會起作用（電位器轉向低音設定——旋鈕轉到 10 或全開狀態時）。當音色電位器轉向高音設定時（旋鈕轉到 0），音色電容器只會有些微的作用或完全無作用。

電容值

電吉他和電貝斯使用的標準電容值由小到大依序是 0.001、0.01、0.022、0.047 和 0.1 μf（微法拉〔 microfarads 〕，縮寫為 μf 或 MFD）。

　　右下表顯示一般電吉他使用的電容值，以及不同電容值對不同音頻的影響（深色區域是被不同電容器所阻擋下來的頻率）。電容值愈大，阻擋的頻率愈多，在低音設定時的音色聽起來比較低沉，因為大部分的音頻都被擋了下來。相反的，電容值愈小，阻擋的頻率就愈少，在低音設定時的音色聽起來比較明亮，因為僅有一小部分的超高頻率被擋下。因此，像 Les Paul 這類音色低沉的雙線圈吉他通常會使用 0.022MFD 的電容器，讓更多高頻音通過；Stratocaster 和 Telecaster 這類單線圈吉他則使用 0.047MFD 的電容器來過濾掉較多的高頻音。

　　選擇合適電容器當然不能只參考圖表，而是要不斷地嘗試各種可能。電容器會影響拾音器的音色個性，因此多花一點時間來測試不同電容對音色的影響一定會有所收穫。

電容器對共振頻率的影響[28]

　　除了使用音色電位器來改變吉他的音色之外（即並聯一個電容器和一個拾音器），還可以連接拾音器中不同電容器的旋轉式切換開關（C 形開關）來取代一般的音色控制電位器。這樣的裝置能做出比一般音色旋鈕更豐富的音色效果，也可以購買到市售的現成品，直接安裝使用。

　　次頁圖例顯示同一個拾音器在電阻值恆定的情形下，搭配 47 pF ～ 2200 pF 之間八種不同電容器時的音頻響應。透過改變負載電容，可以輕易改變共振的頻率和音色的特性。一般的音色控制旋鈕是透過並聯電容器和拾音器，來降低共振頻率，進而影響聲音的品質。而一個連接不同的電容器的旋轉式切換開關，則透過創造不同的共振頻率來達到真正的音色改變。

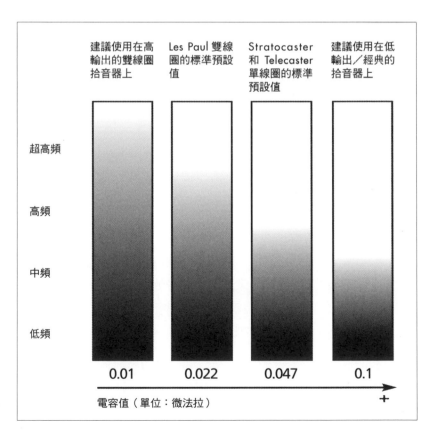

原注 28：
參考《電吉他－技巧和音色》（Elektrogitarren － Technik und Sound）一文，經作者 Helmuth Lemme 同意稍加修改。

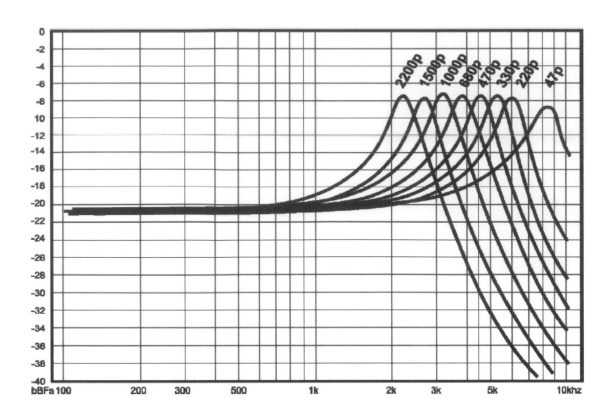

利用電容器進行「高頻音補償」

在音量控制電位器上使用「高頻音補償」電容器，可以避免在音量調小時流失掉應有的高頻音。做法是將一個小型電容器（電容值通常是 0.001MFD）安裝在音量電位器的輸入端和輸出端之間。

當音量調小時，電容器容許高音頻流入輸出端，吉他在較低音量時就不會產生混濁的音色了。

進階

配線實例

一本書很難收錄所有可能的配線方式（就算真的有可能做到），因此這部分我們可以參考網路。接下來我們會介紹一些受歡迎的方式，但這絕對不是你唯一的選擇：**你只需要找到最適合的配線方式，來滿足你對吉他控制旋鈕的需求。**

這個階段，你的專業知識背景非常重要：

如果你擁有充足的電子學知識，可以直接設計出你想要的控制方式，再搭配必要的電子零件來完成這個規格即可。

如果你是電子學的初學者或外行人，比較實際的做法如下：

完全遵照下圖典型的配線方式。

● 從本章提供的網路資源中找到你想要的配線方式。

● 找專家幫忙；當地的修琴師傅可以幫你配線、或幫你繪製電路圖。

● 購買現成的（主動式或被動式）電子零件直接安裝。

現在我們就來看看不同的零組件、它們的功能、以及在電路中的配線方式。

電路區塊圖

吉他電路可以用下面這種簡單的圖形來說明：

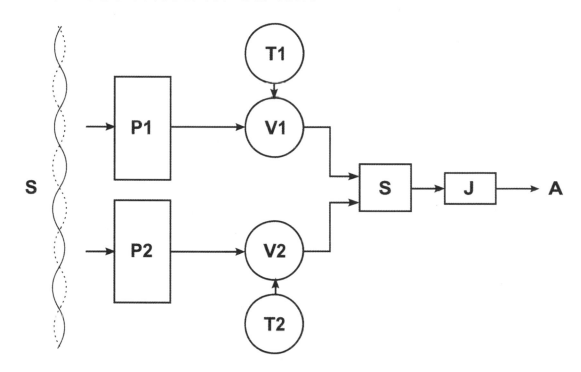

1. 琴弦的振動（S）會在拾音器（P1、P2）的位置被轉換成電流（訊號）。

2. 第一次電流轉換的位置發生在 X1 和 X2。這也是完成線圈不同組合變化，例如線圈分割、線圈關係（同相／反相布線）、或線圈連結（串聯／並聯布線）的位置。可以使用傳統的拾音器切換開關、或是與電位器結合的切換電容器來做不同的變化。以「拉／壓」式電位器為例，做法如下：

3. 每一個訊號都可以透過相對應的音量和音色旋鈕（V 和 T）來改變。

4. 第二次電流轉換的位置發生在 X，也就是切換拾音器的位置。

5. 所有訊號傳送至訊號輸出端（J），再由導線將此處的訊號傳送到擴大機。

需要注意的是，訊號永遠會從拾音器進入（最靠近琴弦，也是聲音的基本來源），中間經過拾音器切換開關和音量／音色旋鈕（每一把琴的旋鈕數量不一，有些甚至一個都沒有），最後才是訊號的輸出端。這三個部位形成了電吉他和電貝斯的訊號系統，分別具有產生訊號、控制訊號和輸出訊號的功能。

零件組裝

如何安裝音量電位器

　　配線圖呈現的電位器如下方圖示，這也是焊接的位置。旋鈕共有三個終端（又稱為焊片）：輸入端（從拾音器接收訊號）、輸出端（訊號經過數個電阻後，從此處離開電位器）、和接地端。

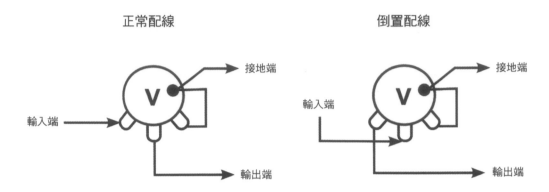

　　記得之前提到獨立音量旋鈕的問題嗎？如果兩個旋鈕用正常配線方式來焊接，兩個旋鈕都會影響兩個拾音器。解決的辦法是利用倒置方式來焊接配線，如上圖。

如何連接音色電位器

　　下圖是兩種常見的音色電位器連接方式（左圖是標準方式；右圖是 Les Paul 的方式）：

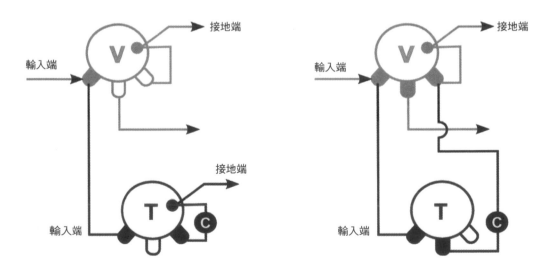

如何連接同心圓雙電位器

下圖是連接雙電位器的方式，如此一來，你就能在同一個旋鈕上控制拾音器的音量和音色。

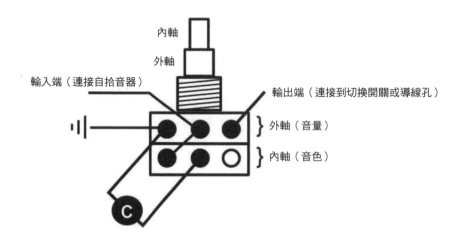

如何連接壓／拉式電位器

下圖是壓／拉式電位器的示意圖；控制鈕在不同狀態（下壓或拉起）時，會啟動開關上不同的焊片（圖中黑色的部位，顯示他們的連接狀態）。這個零件兼具電位器和開關的功能。其下方有三個焊片，也就是電位器的終端。

這些零件的配線方式會因為不同電路而有所不同（請參考下方範例）。

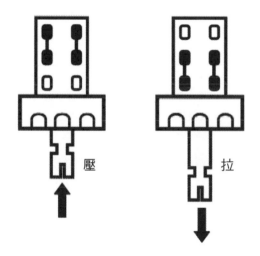

如何連接拾音器的切換開關：三段式搖頭開關

三段式搖頭開關適用於有兩個拾音器的電吉他。當開關切換到任一端，小槓桿會打開其中一個接觸點，讓訊號通過另一端。每一個外側焊片都連接著一個拾音器，只有當切換開關調整到中央時，電流才會從兩個拾音器傳遞到導線孔端。從次頁 Les Paul 的配線圖中可以看得更清楚。

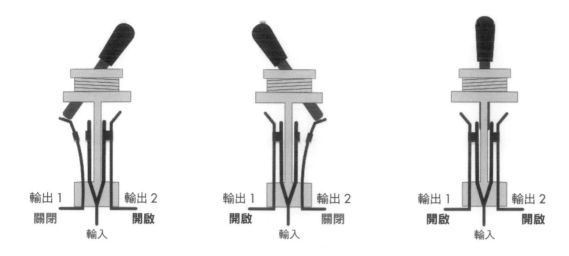

輸出 1	輸出 2	輸出 1	輸出 2	輸出 1	輸出 2
關閉	**開啟**	**開啟**	**關閉**	**開啟**	**開啟**
輸入		輸入		輸入	

如何連接五段式閘刀開關

　　五段式閘刀開關是將一個普通的接觸片連接到由閘刀操作的不同接觸片組合上。下圖是 Stratocaster 採用的五段式開關配線方式。不同吉他會因為不同的拾音器數量、控制旋鈕的數量和類型、以及切換開關的功能（包括拾音器的切換、串聯／並聯模式設定、同相／反相布線）而有不同的連接方式。

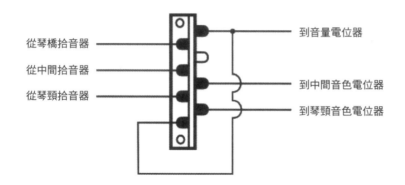

從琴橋拾音器　　　　　　　　　到音量電位器
從中間拾音器
從琴頸拾音器　　　　　　　　　到中間音色電位器
　　　　　　　　　　　　　　　到琴頸音色電位器

如何連接導線孔

　　導線孔（或稱插孔）可以分為兩種類型：單聲道和雙聲道。

● **單聲道導線孔**是吉他較常使用的方式，它有一個尖端（tip）插片和一個接地插片。熱線（接收來自拾音器訊號的線）焊接在尖端插片上。而接地線通常是從音量電位器的後方，也就是所有接地線的會合處，再焊接到導孔的接地插片上（你大概也猜到了）。

● **雙聲道導線孔**有兩個尖端插片和一個接地插片。兩個拾音器的訊號可以分別透過雙聲道的導線連接到雙聲道的擴大機上，或接到兩個獨立的擴大機。這不常使用在吉他上。雙聲道的導線孔常用來控制主動式吉他內的電池開關。這也是為什麼主動式電路的樂器在沒有使用時要把導線拔掉的原因，以免消耗電池電量。

接地

　　和所有的電子裝置一樣，電流會從高電位端（電子開始在導體中移動的起始端）流至低電位端。理論上，地面的電位是零，因此電流自然會匯集於此[29]。

　　電路中所有來自不同電子零件的接地線都必須匯整到同一點。做法通常是將所有的接地線焊接到音量電位器上（或其中之一），從此處再接到導線孔的接地插片上。

　　將所有接地線連接到同一點（又稱為星形連接）的原因，是為了避免所謂的「接地迴路」。接地迴路是由許多電阻相似、但來自不同路徑的訊號集結而成，它會在導線中產生雜散的電流，因此產生雜音。

屏蔽

　　屏蔽是利用一塊金屬材質蓋住吉他的電路槽，來防止受到外部的電磁干擾。

　　吉他控制旋鈕電路槽和拾音器的電路槽都是需要確實屏蔽主要部位，因為裡面的電子零件就像天線一樣會引來各種干擾——馬達、冰箱、電視、電腦等，又以螢光燈的干擾最為明顯。

　　常見的屏蔽材質包括：

▶ **銅箔膠帶**。市售有一片裝也有一捲裝的規格，可能還會附上導電膠，讓膠帶的重疊處也能導電。

▶ **導電屏蔽漆**。如同一般的上漆方式，懸浮在漆中的金屬顆粒在溶劑揮發後會立刻附著在表面。使用起來比銅箔膠帶方便，特別適合一些死角區域。

　　屏蔽也必須做好接地，否則屏蔽本身也會像天線一樣讓雜音更大！

　　如果拾音器安裝在琴身護板上，琴身護板的後方必須做好屏蔽，並且接地。最方便的做法是將控制旋鈕電路槽的屏蔽延伸到電路槽外，稍微超過吉他的表面，因此當吉他護板安裝時就會一併接觸到這個屏蔽（如右圖）。控制旋鈕凹槽的護板也應該以同樣的方式製作屏蔽。

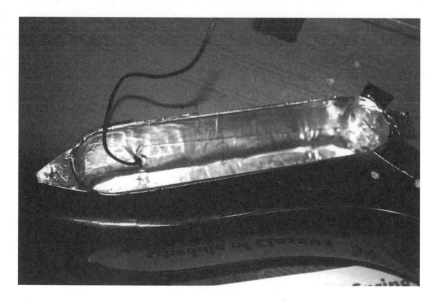

原注 29：想像避雷針是一條埋得很深的導線，將閃電引導至此。說穿了它就是一個超大的放電裝置！

琴橋接地

許多吉他的琴橋端也會接地。從音量電位器後方連接一條線到琴橋的正下方。當琴橋安裝時就會接觸到這條導線。琴橋接地的好處是能減少雜音的產生。琴弦像天線一樣會引發雜音，琴橋接地能消除雜音的來源。缺點是如果你碰到一個「活的」金屬物體（例如壞掉的麥克風或音箱）就很可能觸電。

該如何避免上述風險呢？方法如下：

● **將琴橋接地**，但在導線孔前的接地導體上連接一段**保險絲**。所有不正常的放電都會熔斷保險絲，導致吉他電路無法接地，雖然這麼做會產生微弱的雜音，但可以保護你不受到電擊。注意，並不是每一種保險絲都能達到這個功能，必須使用斷流容量低的「快斷」保險絲才行。Taylor 廠牌的電吉他就是採取這樣的方式，他們標榜的保險絲熔斷值只有 5 毫安培。

● **使用不需做琴橋接地的低阻抗電路**（主動式電子元件和主動式拾音器）。

● **將琴橋以無線方式做接地**！無線的吉他裝置大概從美金 100 元起跳。

● **可以考慮不做琴橋接地**，讓琴弦完全從控制旋鈕中獨立出來，但要確保每一個電路槽都做好屏蔽，並且將屏蔽接地。

如果你無法忍受雜音，那就使用雙線圈拾音器吧。如果你喜歡單線圈的聲音，你可以將雜音視為它迷人的特色之一。

其他避免觸電的建議

這些建議雖然跟吉他設計無關，但也非常重要：

● 避免將拾音器安裝在金屬材質的琴身護板上。金屬護板必須接地才能有效地屏蔽護板內的裝置，因此可能會有些風險。或者改用塑膠材質的護板，在其背面做屏蔽即可。

● 避免使用金屬材質的控制旋鈕（問題同上），除非電位器的中軸是塑膠材質。

● 避免使用雙孔插頭的老式音箱。應該使用搭配不攜帶電流的專屬接地插頭的電力設備。

● 避免使用必須插在雙孔插座上的電力設備，這種設備常見於老舊的建築物中。

電路圖：範例

由於電路的種類和差異繁多，以下介紹幾種比較常見、經典的電吉他配線方式（注意：圖中的電路交叉處並不代表兩條線要焊接在一起，除非交叉點上有黑點才代表焊接點）。

在 www.guitarelectronics.com 網站中你可以找到多達 150 種的電路圖，包含一個、兩個、或三個拾音器的配線，串聯／並聯和同相／反相切換等，幾乎囊括了所有吉他和貝斯的配線方式。

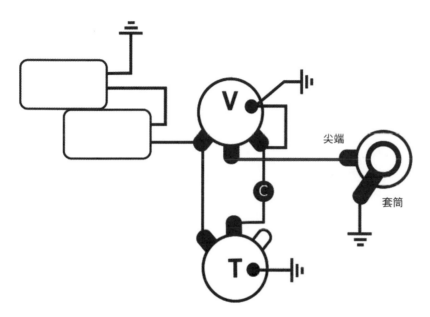

Fender Precision Bass的配線方式

在幾個經典型號中，最簡單的配線方式大概就屬 Fender Precision Bass（精準Bass）了，它的特色是一個單線圈拾音器，搭配一個音量和一個音色旋鈕。

這把貝斯的拾音器一分為二，分別感應兩條琴弦。聰明的 Leo Fender 試圖把這個單線圈拾音器以雙線圈的方式連接。

最簡單的配線方式

這大概是你能實際使用而且最簡單的吉他配線方式了：一個雙線圈拾音器搭配一個音量和音色旋鈕。其他電路圖都是依照這個電路圖去做延伸，加上了更多的拾音器和切換開關。特別注意每一個零件的接地方式。記得要把接地線都接在一起，通常會焊接在音量電位器上。然後再將音量電位器本身的接地接在導線的套筒上。

下圖是一個配有四條線的雙線圈拾音器：它們分別是兩個線圈的輸入和輸出端，第五條線則是接地線（標記為裸線）。

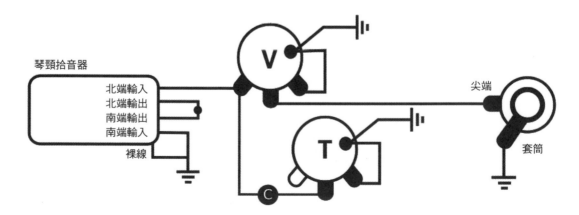

Stratocaster的配線方式

三個單線圈拾音器、一個總音量旋鈕、兩個音色旋鈕。和標準電路圖很像，不同之處在於拾音器的切換開關在訊號流入電位器之前就已經完成。

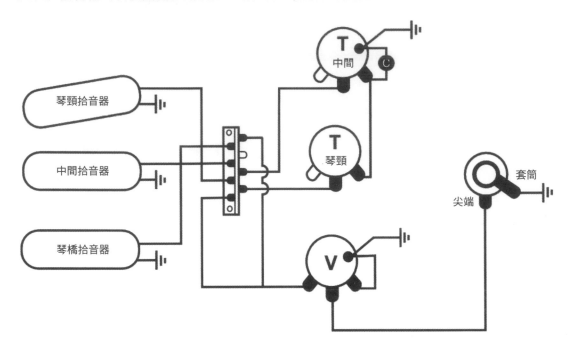

Gibson的配線方式（Les Paul、SG、335等型號）

這是 Les Paul 的經典電路配線圖，包括兩個音量旋鈕和兩個音色旋鈕。

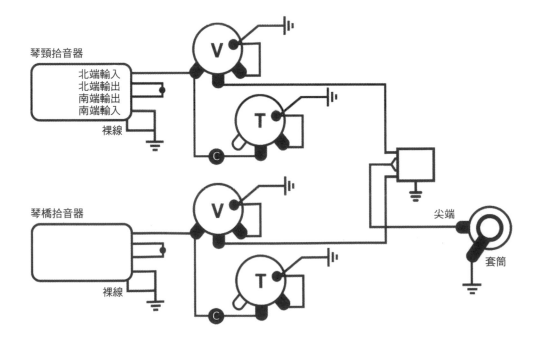

有三個拾音器的Gibson配線方式

這種電路使用在有三個雙線圈拾音器的 Gibson 吉他中。請留意，所有電位器（音量和音色旋鈕）都採用倒置的配線方式。

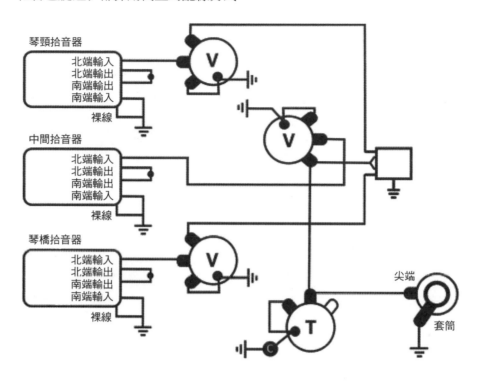

Jazz Bass的配線

Fender Jazz Bass（爵士貝斯）的配線很簡單：包括獨立的音量控制旋鈕（電位器為倒置配線）和一個主音色控制旋鈕。電路中的電容器並不安裝在兩個電位器之間，而是直接從音色電位器的中間焊片連接到接地端。

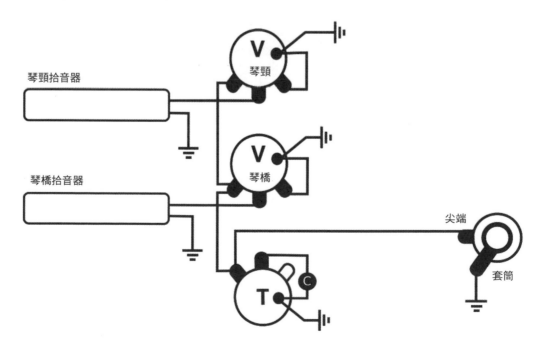

PRS吉他搭配旋轉式開關的配線

下圖是 PRS 吉他搭配旋轉式開關的經典配線方式。請留意，電路中的切換開關將所有接點分成兩層，方便你看得更清楚。

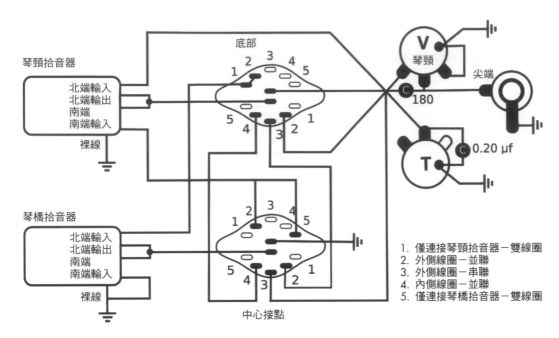

1. 僅連接琴頸拾音器－雙線圈
2. 外側線圈－並聯
3. 外側線圈－串聯
4. 內側線圈－並聯
5. 僅連接琴橋拾音器－雙線圈

Jimmy Page的Les Paul：當所有的可能一次發生

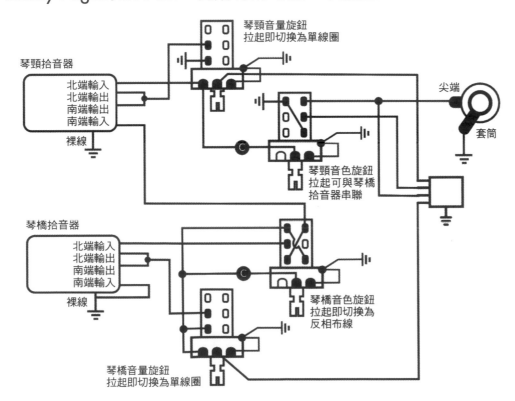

前頁的配線方式比較複雜。我們可以發現電路中包括了線圈的分接、反相布線、串聯／並聯、獨立的音量和音色旋鈕、壓／拉式電位器、和拾音器切換開關等設計。

而掌控所有變數是主因是吉米 • 佩奇（Jimmy Page）本人的喜好；雖然這樣複雜的控制方式並不直覺，但只要演奏者喜歡，製琴師就應該以此為主要的規格來設計。

主動式電子元件

前幾頁的電路使用的都是被動式電子元件；這些元件接收來自拾音器的訊號，最後訊號經過削減（強度、頻率、共振等）再傳送至音箱。相較之下，主動式電路多了一個前級訊號擴大裝置（pre-amplifier），這個小型迴路個能夠增強拾音器的訊號（進而增強音量）。代表訊號會在傳遞的過程中增強（強度和力度）。其實，這種電路主要是由一個或數個電晶體所組成，電晶體正好是電晶體音箱的主要零件（真空管則是真空管音箱的主要擴大零件）。主動式迴路有各種不同的形式，它可以由一個內建有必要零件的主動式音量電位器構成；也可以是一塊安裝好主動式電子元件，並與其他零件（電池、電位器等）相連的小型電路板。其他還有像是在主動式貝斯中常使用的等化控制旋鈕。

主動式電路需要能量來驅動，通常是一到兩個 9 伏特的電池。所有主動式零件（電路板、電池、等化器、電位器等）都必須安裝在一個控制凹槽中；因此設計時必須事先將凹槽的尺寸和形狀考量進去。拾音器本身也可以改為主動式：包括一條必要的電路，能夠將已經被放大的訊號傳遞到其他的電子元件上。

主動式電路的優缺點比較

優點	缺點
●雜音比被動式電路少。 ●吉他上直接具備等化器的功能（通常在音箱上才能調整）。 ●根據訊號傳到音箱時被放大的程度，可以提供高傳真的聲音品質或可口的破音效果。反觀被動式吉他，聽起來比較像是沒有經過加工、真實的感覺。 ●比被動式電子元件更加靈活、有力，能夠做出更多新的音色。產生的訊號較強且沒有雜音，適合喜歡同時使用很多效果器的吉他手們。	●主動式電路的元件和拾音器比較昂貴。 ●需要花錢買電池。 ●沒電池就沒聲音，除非切換回被動模式。

兩全其美的方式是在兩者之間安裝一個壓／拉式的電位器做主／被動模式的切換。這裡必須注意，你選用的拾音器要能同時適合主／被動模式。主動式拾音器的線圈數通常較少、輸出量和阻抗都較小，能表現出很乾淨、清晰、沒被渲染過的音色。在低輸出訊號被內建的前級擴大裝置放大的同時，仍保持低的阻抗。主動式拾音器無法使用在被動式吉他上。

在表演中，電池突然沒電是件很棘手的事情，必須立即解決。建議要有一個電池槽才能快速地更換電池，而不是直接將電池放在吉他凹槽中。

主動式和被動式電路並無絕對的好壞。他們只是比較符合特定情況和個人喜好而已。

控制旋鈕凹槽

控制旋鈕凹槽的作用是收納吉他的電子零件。

以 Les Paul 為例，它的控制旋鈕凹槽位在琴身的背面，因此被稱為「後控制旋鈕凹槽」。Les Paul 的上琴身還有另一個用來安裝拾音器切換開關的圓形小凹槽。電子元件安裝在凹槽中，並且用一塊蓋板蓋上（通常是塑膠材質）。Stratocaster 的控制旋鈕凹槽則位在琴身的正面，所有電子元件都安裝在琴身護板上，當護板安裝定位時元件就會被隱藏起來。控制旋鈕凹槽並沒有標準的尺寸，由於每把吉他對零件空間的需求不同，因此凹槽的尺寸和形狀也會不同。但是，市售的後控制旋鈕凹槽的蓋板則有固定的尺寸。制式尺寸裁切起來比較方便，主要幾間吉他零件供應商也都有提供對應的切割模板。

後控制旋鈕凹槽的蓋板

如果控制旋鈕的安裝槽設置在琴身的背面，則需要考量兩個開槽重點：

● 首先，凹槽本身要夠深才能容納所有的電子元件。
● 第二，為了讓塑膠蓋板與琴身齊平，蓋板的形狀和厚度也要考慮進去。依據後蓋板的厚度，安裝蓋板的下凹處大約只有 1/8 英吋（3 ～ 4 公厘）深，但至少要比凹槽還要寬 1/2 英吋，才方便鎖上螺絲固定。

Les Paul 琴身背面的控制旋鈕凹槽，特別注意到用來安裝凹槽蓋的下凹處和安裝螺絲的小孔。

控制旋鈕凹槽的深度

凹槽的深度當然要考量琴身的厚度。1 英吋深的凹槽可以容納絕大多數的零件（一般的電位器、導線等），但對其他特殊零件來說（例如較長的壓／拉式電位器），凹槽的深度一定不能小於 1-1/4 英吋（32 公厘）。

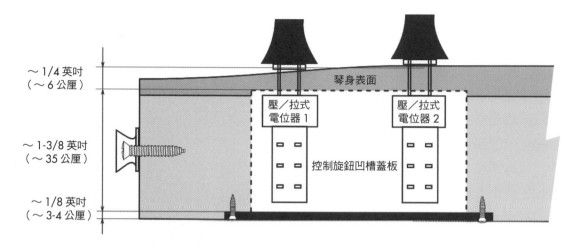

Les Paul 的控制旋鈕凹槽深度是 1-7/8 英吋（48 公厘），包含了 1/8 英吋（3 公厘）深的蓋板下凹處（48 公厘 =45 公厘 +3 公厘）。再加上琴身表面的厚度，琴身的厚度至少需要 2 英吋（Les Paul 琴身在最厚的位置有 2-13/32 英吋，即 61 公厘）。

凹槽處的琴身正面厚度也很重要：琴身正面的厚度要有足夠的保護力，但又不能厚到無法旋入電位器。平面琴身所使用的電位器螺紋標準深度是 3/8 英吋，可以安裝在琴身護板上；Les Paul 和其他隆起的琴身則使用中軸較長的電位器，螺紋深度為 3/4 英吋。

其他關於控制旋鈕的重點是：凹槽不能施作在琴腹、切角、邊緣或凹入的輪廓處，否則琴身會出現一個洞！

用「電路槽」來連接琴身凹槽內的所有電路

所有凹槽都必須以幾個內部的電路槽來連接，這對連接了所有電子零件的電路來說十分必要。配線槽的做法有下列幾種（圖中的箭頭代表鑽洞的方向，需要使用超長的鑽頭）：

► Stratocaster 和其他將零件安裝在護板上的吉他：導線孔凹槽和控制旋鈕凹槽之間必須鑽孔才能連接（右圖）。

► Les Paul 和其他將零件安裝在背面內側的吉他：電路槽的入口必須鑽在吉他安裝好後看不見的位置（次頁上圖，連接兩個拾音器凹槽的鑽孔是從琴頸凹槽鑽入的）。

► 如果琴身不只由一塊木頭組成，在組裝前可以將電路槽設計在不同部位（吉他表面、琴身、吉他背面）。這種做法需要比較謹慎的設計和執行精準度。次頁

右圖 2 是我自己設計的吉他，不使用標準的凹槽蓋板，而改以一大片的木板來遮蓋（這塊背板蓋不在圖片當中）。

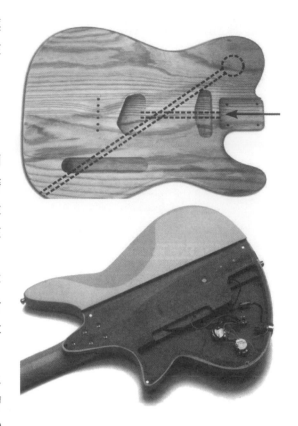

重疊的凹槽

我設計過幾把貝斯，製作時將其控制旋鈕凹槽和拾音器凹槽重疊在琴身內，藉此省去鑽配線槽的步驟。電路可以直接從設計好的「共同空間」（下圖中的圈起來的部位）穿過去。

但這種做法在固定拾音器時又顯得不方便。從下方實心琴身的斷面圖中可以看到，其中一個螺絲底下沒有可以鎖入的木頭。

雖然不會影響安裝在拾音器固定環上的拾音器，但如果拾音器直接固定在凹槽的底部，就會發生這個問題（例如：P-90系列的拾音器和多數的貝斯拾音器）。

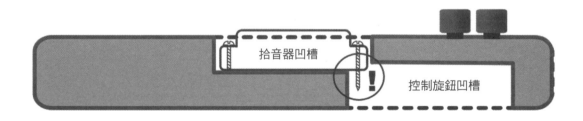

拾音器凹槽

控制旋鈕凹槽

檢核清單

挑選吉他的電子零件

- **音量電位器**：在雙線圈拾音器中使用對數式，數值在 500K 的電位器，單線圈拾音器使用 250K 的電位器，出力極大的雙線圈拾音器可以使用 1M 的電位器（如果你喜歡嘗試各種可能，也可以這麼做，這永遠值得鼓勵）。主動式電路通常已經包含低數值（25K）的電位器了。

- **音色電位器**：所有音色電位器都採對數式，數值皆為 250K。

- **電容器**：你可以買一些便宜（它們真的很便宜）、數值不同的電容器來測試你最喜歡的音色。

- **請記得**：**每一個拾音器的獨立控制旋鈕都會影響音色**，因為它會影響整個電路的電阻。替代方式是在兩個拾音器中間使用主音量旋鈕和切換開關。如果你堅持使用獨立的控制旋鈕，可採取倒置的配線方式並搭配電容器來降低影響的程度。除非你總是把音量旋鈕開到滿；但如果是這樣，你為什麼會需獨立的音量旋鈕呢？

- **壓／拉式電位器是具有多重功能又不至於太複雜的聰明設計**。你可以同時調整兩個變數，比如音量和相位的模式。反相布線的電位器會損失些微音量，可以利用手動調整音量控制旋鈕來補償。

- **關於壓／拉式電位器**：設計配線方式時，將壓下的電位器做為你的預設模式（準備盡情彈奏前的模式）；這樣大部分的時間吉他看起來才會是正常的。電位器拉起即切換到比較不常用的模式。然後再一次壓下電位器，就可以快速切換到預設模式（比拉起的動作容易）。或者乾脆使用壓／壓式的電位器！

- **將所有接地線焊接到音量電位器的後方**：可以減少雜音和噪音。

- 如果配置了四個雙線圈拾音器，應該**核對拾音器色碼**。

- **找到最合適的電路圖**：如果你剛好喜歡電路設計，請盡情設計最適合的電路。否則也不需要費神：你可以在網路上找到所有可能的電路圖，本章所提供網址能幫你找到最適合、最接近、而且容易修改的電路圖。也別忘了問問有製琴經驗的朋友或就近的吉他工作室，請他們提供幫助。

⑫ 延音的秘密

「如果你要通過地獄，請不要停。」
—— 溫斯頓・邱吉爾

什麼是延音？

當我們說一把吉他有「很好的延音」，意思是當琴弦被撥動後聲音能持續好一陣子。延音不只是吉他設計的一個環節，更是吉他設計的目標。延音是高品質吉他的特徵之一，它代表著精湛的工藝品質。本章我們將討論影響延音的各項因素。

琴頸和吉他的根部

琴頸的根部位在琴頸和琴身的接合處。琴頸後方原本的弧形會在根部位置變成一個平面。琴頸的根部多少會與琴頸接柄槽（開鑿在琴身內的凹槽）的大小密合，並以黏膠固定或用螺絲鎖上。

吉他的根部則是指琴頸接柄槽下方的琴身部位。琴頸和吉他的根部共同形成了琴頸和琴身的接合處（貫穿柄式琴頸除外）。

琴頸／琴身的接合類型

我們就來看看幾種琴頸和琴身的接合方式，並分別討論各自的特色。

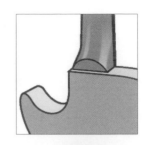

黏柄式琴頸

琴頸使用黏膠固定在琴身上（set-neck）是 Gibson 的標準做法。潛在問題是，琴頸拾音器的凹槽可能會影響接合處的牢固性。如果要更換黏接固定式的琴頸，需要專業人士的協助。

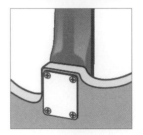

螺絲固定式琴頸

琴頸以螺絲固定到琴身上（bolt-on neck）。優點是琴頸的更換比較容易。

但問題是，由於大多數的廉價吉他都採用這種方式，因此會讓消費者有刻板印象，認為這種接合方式的品質比較低劣。其實，正確的螺絲接合方式還是能給人很驚艷的印象，請繼續看下去！

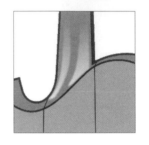

貫穿柄式琴頸

這種固定方式其實沒有所謂的「結合處」（沒有琴頸根部或琴頸接柄槽）：琴頸直直地穿越琴身（neck-through body），同時形成琴頸和琴身的核心。琴身的側邊（又稱為琴翼）再黏接在琴身的中心。如需更換琴頸，必須做大規模的拆解。

Stow-Away™ 運用了一種很聰明的琴頸安裝機制。更多資訊可參考：www.stewartguitars.com

可折疊或拆卸式

有些電吉他的接合處設計成可拆式。或者搭配鉸鏈做出可折疊的形式。是否攜帶方便最主要在於它的尺寸。大部分貝斯的琴盒長度是 48 英吋（122 公分），但多數的航空公司只允許攜帶長度不超過 46 英吋（117 公分）的樂器，否則就會被視為大型行李而另外收費。快遞公司（UPS、DHL 等）也有類似的規定。吉他不一定要有可拆卸的琴頸才能裝箱和運送，有時候它只要能夠塞到一個短一點的琴盒裡就可以了。

　　通常可拆卸式的琴頸設計會在琴頸接柄槽處安裝一些金屬片，最後再用固定裝置（通常是拇指螺絲）固定好。這對延音有什麼影響呢？通常這樣的設計會比一般的接合方式還不穩定，但只要能有效地固定琴身和琴頸，聲音就不會有太大的差異。

無接合設計

　　有些吉他是由同一塊木頭製作而成。大多數的人認為這種一體成形吉他的延音效果絕佳，也因此價格不斐。其實這只是另一種貫穿柄式的琴頸。我個人認為這種一體成形的設計很浪費木材，不但不會增加延音的效果，當琴頸彎曲時還無法修復。如果你想打造的是查普曼琴（Chapman stick），那這種接合方式就很適合。但對我來說，除非有很特殊的理由，否則並不建議這麼做。

接合方式和琴頸拾音器的凹槽

　　如果琴頸拾音器的凹槽太靠近琴頸接柄槽，琴頸的根部就沒有足夠的支撐面積。下圖可清楚看出這個問題。圖 A，拾音器凹槽「吃」到了琴頸根部（這個在 Les Paul、SG、Flying V 等型號中都能看到，它們採用的都是黏柄式，而且都有兩個琴身切角）。圖 B 則是以螺絲固定，琴頸拾音器的凹槽和琴頸接柄槽並不重疊。上述兩種方式的琴頸拾音器到琴頸的距離均相等。

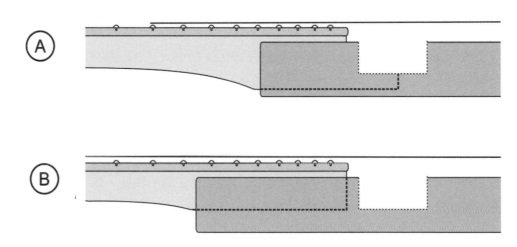

　　兩者不一樣的地方在於：

● 琴頸根部和琴身的接合形狀不同。

● 接合處的範圍大小不同。例如，圖 A 的琴頸根部較短，方便彈奏者彈奏高把位，但接合的範圍比較小。圖 B 的接法則讓琴頸和琴身的接觸面積多了 3 ～ 4 個琴格，因此在彈奏時能比較快找到琴根。

大部分的人認為貫穿柄式琴頸的延音效果比較好。這個迷思甚至還變本加厲，說黏柄式的延音效果優於螺絲固定式。讀過相關研究後，我很驚訝地發現事實正好相反。答案來自一篇《美國製琴雜誌》中的文章[30]。作者 R.M. 莫托拉（R.M. Mottola）製作了一個測試裝置（一把單弦的貫穿柄式琴頸吉他）並運用電子儀器來測試延音效果。接著他把琴頸切除，將螺絲接上琴身後再次進行測試。最後他將琴頸黏接在琴身上。除了改變接合方式，其他變數都保持一致（相同的彈奏力道、零件、甚至連木頭都是一樣的）。每一種方式均經過反覆測量並取出平均值。唯一比較的參數是從琴弦撥動後持續振動，直到聲音消失到預訂最小值所花費的時間（以秒為單位）。我們可以從實驗的結果發現兩件有趣的事情：

1. 螺絲固定式琴頸的延音效果比黏接式琴頸好，貫穿柄式琴頸的延音最差。事實上，延音表現最好的接合方式是在琴身和琴頸接合處加上一塊膠合板（一塊薄木片）的螺絲固定式，用來彌補一剛開始為了結合琴頸和琴身而切掉的琴頸部位。

2. 延音的差異無法直接辨識。事實上，這個實驗是透過數位訊號處理軟體來偵測，人耳無法感受這樣的差異。

因此，貫穿柄式琴頸延音效果較好的說法就不攻自破了。我們學到了珍貴的一課：用心製作吉他的琴頸和琴身比起選擇接合方式來得重要許多。我們所追求的音樂奠基於工藝的品質。完美的切割作業才是成功接合琴頸最重要的環節。

接合方式和吉他根部

吉他根部對彈奏的舒適度來說十分重要。為了避免彈奏者的手不斷接觸到尖角，我喜歡將吉他根部設計成圓弧形。不僅能提升彈奏高把位的舒適性，也能讓琴身的背面更加優美。對貫穿柄式琴頸來說，吉他的根部不是問題，因為琴頸本身沒有接合處或固定的螺絲，琴頸很流暢地與琴身相連。

琴身的厚度

前面我們已經討論過琴頸角度、琴身表面和金屬零件之間的關係，接下來我們要做更深入的討論。

螺絲固定式琴頸的琴身厚度

琴身要有一定的厚度才能容納電子零件、拾音器，並且提供吉他足夠的支撐力，才能將琴頸鎖在琴身上。Stratocaster 的琴身厚度是 1-3/4 英吋（45 公厘——不包括靠手的斜面部位和腹部斜面部位的厚度）。

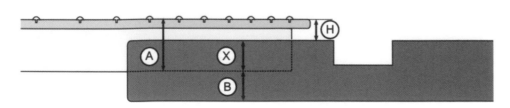

原注 30：〈電吉他琴身琴頸接合種類與延音〉（《美國製琴雜誌》第 91 期，2007 年，第 52 頁，R.M. 莫托拉著）

要設定螺絲固定式琴頸的最小琴身厚度，請依照下列步驟：

1. 決定（或測量）琴頸根部的厚度（前頁圖中的 Ⓐ 處）。

2. 決定琴頸根部 Ⓑ 的厚度。這部位如果太薄，除了影響延音效果，還會讓接合處過於脆弱；如果太厚，吉他則會過於笨重。因此建議：螺絲固定式琴頸的厚度不要小於 7/8 英吋（約 22 公厘），黏柄式琴頸做得薄一些，貫穿柄式琴頸的厚度則依個人喜愛而定。Ⓐ 和 Ⓑ 的厚度要和你所設計的琴身一致（輕薄？厚重？或界於之間？）

3. 決定琴身表面到指板表面的落差高度 Ⓗ。以帶有角度琴頸的吉他來說，這段距離要從指板的尾端計算（詳見前頁圖例）。至於平面琴身的吉他和使用 Fender 式琴橋的吉他，為了配合琴橋的高度，Ⓗ 的高度要接近 3/8 英吋（9 公厘）。

建議最小厚度應等同於：指板厚度 + 銅條高度 + 大約 5/64 英吋（2 公厘）的琴弦作用高度，總計大概為 5/16 英吋（8 公厘）。

4. 計算 Ⓧ 的距離 = Ⓐ – H 即是吉他琴頸接柄槽的深度。記得這個數字，方便日後裁切時使用。吉他較厚部位的厚度是 Ⓑ + Ⓧ。

黏柄式琴頸的琴身厚度

Les Paul 的琴身表面呈弧形，從邊緣 2 英吋（50.8 公厘）到中心 2-13/32 英吋（61 公厘）的厚度不一。Gibson 的黏柄式琴頸採用水平的榫眼和榫舌，Ⓐ、Ⓑ、Ⓧ 的深度須與榫舌一致，當然這樣的深度有很多種可能。因此我們必須以 Ⓗ（琴身表面與指板表面的高度差）為主，以 Les Paul 來說，H 和指板的壓條一樣高，因此 Ⓐ = Ⓧ，當然這不是絕對的。

那麼，決定琴身和榫舌厚度的實際做法是什麼呢？步驟如下：

1. 決定琴身的最小厚度，以控制旋鈕凹槽能容納所有電子零件的厚度為主。

2. 注意帶有角度的琴頸的吉他，因為吉他根部 Ⓑ 的厚度會有所變化。此處的厚度要足以支撐琴頸根部——以 Les Paul 為例，琴身最薄的部位（琴身邊緣）是 3/4 英吋。

3. 決定 Ⓧ 的厚度，Ⓧ + Ⓑ 的厚度必須足夠鑿出一個控制旋鈕凹槽，能夠容納你計

畫使用的電子零件（還記得壓／拉式的電位器嗎？你要用這種嗎？）。記住，必須在琴身的邊緣測量 B 的高度。

4. Ⓐ 必須等於 Ⓧ 相等或稍人於 Ⓧ。次頁的上圖中，這兩段距離相等，跟 Les Paul 的情形一樣。你可以將指板裝得高一些，但能夠調整的差異不大，因為琴弦最後還是要對到琴橋，不能過高！

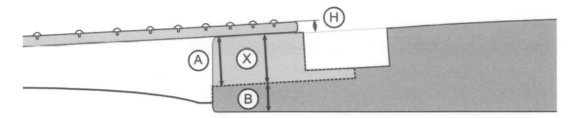

貫穿柄式琴頸的琴身厚度

貫穿柄式琴頸的最小琴身厚度等於琴頸核心（琴頸一直延伸至琴身）的厚度。

主要考量的還是琴身厚度是否足夠容納所有的控制旋鈕和零件。如果琴身太薄，將無法安裝某些電子零件。

這是一把貫穿柄式琴頸的貝斯。可以清楚看到兩個琴翼（琴身的側邊）連接至核心琴頸上。

琴身厚度和延音的關聯

　　琴身愈大，延音效果通常愈好，但是樂器的響應程度相對較低。喜歡即興創作的吉他手大多喜歡薄一點的琴身，雖然延音效果比較差，但是對彈奏者的響應速度會較快。這純粹是經驗觀察，據我所知並無正式的相關研究。而且，延音也同時取決於其他許多因素。

琴身厚度和人體工學的關聯

　　琴身薄的吉他彈起來比較舒適且輕盈，相對的也就沒有很大的空間來安裝電子零件。對一些吉他手來說，他們反而喜歡厚重的吉他的延音效果和扎實的感覺，因此了解這群人的喜好也很重要。

琴身的標準厚度
- Explorer、Stratocaster、Telecaster、Jaguars、Precision Bass、Jazz Bass：13/4 英吋（45 公厘）
- Les Paul：2 ～ 2-12/32 英吋（50 ～ 61 公厘）
- Gibson SG：1-3/8 英吋（35 公厘）

檢核清單
··
設計一把延音效果絕佳的吉他

　　延音和琴頸的形狀和設定有很強的關聯。琴頸與琴身的接合、銅條、琴頸的材質……都會影響吉他的延音。我們來複習一下所有會影響延音的要素吧。

　　首先是吉他設計的建議：
- **不要再對貫穿柄式琴頸的延音效果存有迷思了**。螺絲固定式琴頸的延音效果和貫穿柄式琴頸一樣好，甚至可能更好。但是延伸式琴頸比較符合人體工學，因為它的琴頸很順暢地接在琴身上。而且琴身較薄，使得重量比較輕。我們可依顧客的（或自己的）喜好來決定是否要採用這樣的設計。
- **木頭的硬度與品質才是關鍵**。想像一下一把用合成乳膠製作的吉他和一把用大理石製作的吉他。誰的延音比較好呢？你可以在 youtube.com 上看看大理石吉他的影片 [31]。它們的延音簡直無限長。但應該很少人願意背著沉重的石頭吉他來表演吧，因此建議使用硬度高、品質好的木材（不一定要很重，第 14 章將有更深入的討論）。
- **使用較高的銅條**。例如許多 Gibson Les Paul 的客製吉它就使用極低的銅條——高的銅條可以提供的琴弦振動效果比較好。
- **使用較長的弦長規格**。

————
原注 31：搜尋關鍵字 stoneguitar 可找到相關影片。

接下來是吉他製作和設定上的建議：

● **盡量增加琴頸接柄槽和琴頸根部的接觸面積。**裁切面乾淨整齊的琴頸接柄槽有比較好的振動效果。

● **琴頸的螺絲一定要拴緊，否則會影響琴弦的振動。**盡可能將螺絲栓緊（在不破壞螺絲與木頭的前提下）。小技巧：先不裝上最後一個螺絲，等到琴弦安裝好後再把最後一個螺絲栓緊，讓琴身和琴頸接合得更緊密。

● **在琴枕和琴橋上設置能完美嵌入琴弦的琴弦孔。**如果琴弦能精準且完好地排列在琴弦孔上，就能避免琴弦被撥動後的能量流失。

● **避免琴弦高度的設定過低。**通常琴弦愈低愈好，但不能低到讓琴弦打到銅條（即使打到銅條的範圍不足以產生雜音也不好）。

● **設定好拾音器的高度**，否則拾音器的磁鐵會對琴弦產生磁力，進而干擾琴弦的振動。

第五篇

零件、材料和 表面處理

13: 挑選正確的硬體

本章節將討論不同琴橋、調音旋鈕和琴枕的種類（它們都會直接接觸到琴弦，與吉他的設定和音準有很大的關聯）及其與不同形狀的琴身、琴頸角度和琴頭的合適性。

14: 挑選正確的木材

這是吉他的靈魂：木材的選擇。它與美感、品質和環境都有很大個關係。

15: 塗料處理種類

本章節中我們會介紹不同的塗料和相對應的使用技巧，也會比較他們的難易度、風險和成本。此外，也會介紹一些經典的塗料處理效果，以及如何選擇和搭配顏色。

零件的選擇在功能和外觀上都有很大的影響。

圖片來源：Dieter Stork

吉他款式：Sauron（www.lospennato.com）

⑬ 挑選正確的硬體

● 琴橋：種類、合適性和調整
● 琴枕：種類、材料、與琴橋的搭配性
● 調音旋鈕：相互的關係與內部構造
● 琴身護板：形式與功能

「我受夠總是跟男生在一起。我想要組一個新團，團名就叫做『迷你裙』，然後三個團員都是女生，我來彈吉他跟唱著拖拍的和聲。在紐約的時候我瀏覽商店外的櫥窗，那兒有許多漂亮的洋裝。」

—— 布萊恩 · 莫爾可，百憂解樂團
團長兼創作者

基礎

這裡所講的「硬體」指的是吉他上的許多零件，大部分都是金屬材質：例如吉他琴架、琴蓋、護板、拾音器環、套圈、螺絲、彈簧、背帶扣環、琴弦定位器等。其中又以琴橋、琴枕和調音旋鈕最為重要。他們是影響整個吉他設計最主要的零件（或說是因為吉他的設計而改變）。也是主要與琴弦直接接觸的零件，因此在音色、音準、設定和彈奏性等方面都扮演著很重的角色。

琴橋

琴橋主要有三個功能：

● 決定琴弦的長度（大多數的型號稱之為「補整」）。

● 決定琴弦的分布情形以及琴弦和琴弦之間的距離。

● 決定高把位處的琴弦與指板的距離。

從下面檢視合適度的圖表中可以看到不同琴身形狀所使用的琴橋差異。打叉代表使用了不正確的琴橋或是非正統的琴橋（當然不是說不能使用）。

依琴頸的角度來挑選合適的琴橋

在第 7 章〈琴頸設計〉中我們提到琴頸的角度和琴身表面的形狀，現在我們就來分析一下不同琴頸角度該選擇什麼樣的琴橋。

事實上，琴頸的角度、琴身表面形狀與琴橋種類這三者的關係是密不可分的，需要同時考量。

我們可以從下圖中看到，帶有角度的琴頸需要搭配高的琴橋，它的樣子像是嵌在柱子上的橋樑一樣。否則琴弦角度會過高，無法妥善被較低的琴橋支撐（圖 A），更不用說琴身的表面和拾音器了。

如果琴橋安裝在帶有弧度的琴身表面，並且搭配無角度的琴頸，則會產生相反的問題：琴弦的位置會太低於琴橋（圖 C）。

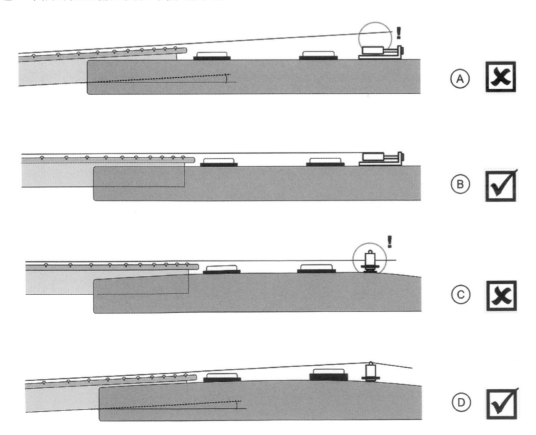

　　圖 B 和圖 D 的琴頸角度和琴橋搭配得宜。其它的組合不一定適用；請參考下表來評估其合適性。

琴橋／琴身表面的合適度

（說明：∨通常可行；✗通常不可行）		在平面的琴身上	在曲面的琴身上	在表面隆起的琴身上
金屬柱嵌入式		✗	✔	✔
平面琴橋，以螺絲鎖入		✔	✗	✗
嵌入在木頭底座上		✗	✔	✔
搖作式琴橋		✔	✔	✗

　　從這張圖表中得到最重要的結論是：

● 在琴頸筆直的平面琴身上必須安裝平底的琴橋（簡單來說就是 Fender 採用的方式）
● 在有角度的琴頸和弧形表面琴身上必須使用金屬柱嵌入式琴橋（Les Paul 採用的方式）。
● 不論是使用在吉他或貝斯上，我們都需要知道這兩種琴橋的標稱高度。琴橋的高度需經過實際測量、或查閱規格說明，通常可以在廠牌的網站上找到相關資料。

琴橋的調整性

琴弦長度（音準）

　　想像一下如果我們完全按照數學公式分別將琴枕和琴橋安裝在距離第十二琴格相同距離的位置，那你的吉他將永遠不可能有正確的音準。理論和實務是有落差的，因為當琴弦下壓後會在弦上形成張力，稍微改變琴弦的振動長度，進而影響音準。

　　「補整」是相當細微且複雜的問題，這不是設計階段需要擔心的。簡單來說，補整就是每一個琴格都要稍微朝吉他的尾端向後調整，而非按照公式計算出來的位置，如此一來才能抵消因為按壓而被拉長的琴弦。這些調整非常細微，但也就是這些細微的差異讓吉他得以保持正確的音準。由於補整的差異會受到許多因素的影響，例如琴弦和指板的距離、音階、琴弦粗細、琴弦品質、琴弦材質，甚至是氣溫，若能有微調的裝置是最理想的。最好的方式是將琴弦安裝在有微調功能的弦鞍上，但不是每一種琴橋都有這樣的功能。

琴弦高度（琴弦和指板的距離）

現代的琴橋多半都能調整高度；但是並非所有琴橋都能調整個別琴弦的高度。有些琴橋雖然只能調整整體的琴橋高度而已，但只要琴橋的弧度和指板的弧度一致也行得通。

琴弦分布

吉他具有調整琴弦分布是一個很好的功能，但不是每一把吉他都有此設計。大多數量產的吉他都不具此功能（這些吉他都會依照大多數的需求去製作）但如果是客製化的吉他就一定會有此設計。如果吉他的琴頸比一般窄或寬，就會需要這個功能來調整琴弦在琴頸上和拾音器上的分布。有些不能調整琴弦分布的琴橋會搭配無刻痕的弦鞍，以便稍微調整琴弦的分布。

琴橋底座

金屬柱嵌入式的琴橋無法與琴身完整地接觸，由於琴橋只有兩個支點，因此不會很穩固，除非琴橋有三個支點。三個支點是固定物品最基本的要求（想像拍照時，相機的腳架只有兩支腳而非三支腳）。有些比較新款的琴橋會附一個螺絲，將琴橋鎖在琴身上，避免咯咯作響。其實，琴弦的張力已經足夠將琴橋固定在琴身上了。平面琴橋的底部完整地與琴身接觸。通常大家都認為這樣的設計有利於延音和振動的傳遞，至少一些廠牌是這麼宣稱的。但我有不一樣的看法：延音和振動的傳遞是兩個互相矛盾的概念。一條延音的琴弦並不會將振動傳遞出去，反而是保持它的振動。

好的底座能讓將琴橋穩定地固定在琴身上；否則琴橋的振動會吸收掉琴弦的能量，進而減少延音的效果。

弦鞍固定的方式（使琴弦排列琴橋上的小零件）也會有影響，在幾個不同的平面式琴橋上，唯一能讓弦鞍接觸到琴橋底部原因就是來自琴弦的張力。

琴橋調整表

次頁的圖表顯示出上述琴橋的調整可能性。

微調音

你可以使用微調音弦鈕或有外加微調音功能的裝置，通常也具有拉弦板的功能（僅適用於沒有小搖座的琴橋、以及金屬柱嵌入式琴橋）。大搖座琴橋本身就具有微調音的功能。

琴弦固定錨

有些琴橋會包括琴弦固定錨，有些琴橋的底部則鑽有導孔，方便琴弦從琴身的後方穿入。金屬柱嵌入式琴橋需要另一個零件來固定琴弦，稱之為「拉弦板」。

琴橋類型		長度	高度	琴弦分布	顫音	調音
金屬柱嵌入式琴橋		✔	✔1	✘	✘	✔4
平面琴橋		✔	✔	✘	✘	✘
小搖座（顫音）琴橋		✔	✔	✘	✔	✘
固定表面包覆式琴橋		✘	✔1	✘	✘	✘
可調整表面包覆式琴橋		✔	✔1	✘	✘	✔3
立體可調整式琴橋		✔	✔	✔	✘	✘
大搖座琴橋（Floyd Rose）		✔	✔1	✘	✔	✔
無琴頭式琴橋		✔	✔	✘	✔3	✔

（✔可行；✘通常不行；✔1只能調整整個琴橋；✔2大部分的型號都可行；✔3只有某些型號可行；✔4需搭配特殊工具）

163

拉弦板

　　拉弦板的功能是將琴弦固定在琴橋端。除此之外，依據拉弦板和琴橋的距離（也就是琴弦在琴橋與拉弦板的距離），還會產生有趣的彈奏效果，並在琴橋和拉弦板之間留下了一段琴弦。拉弦板和琴橋間的琴弦距離與表面隆起的琴身較有關聯，我從《美國製琴雜誌》（American Lutherie Magazine）中找到兩段由編輯提姆 • 歐森（Tim Olsen）撰寫的有趣文字：

　　想像一下兩把吉他有著相同的弦長規格、琴弦粗細與弦的高度都一樣。一把是速彈吉他，配有固定式的琴枕與琴橋。另一把則是琴頭很長的爵士吉他，在琴橋和拉弦板中間有許多琴弦。這兩把琴的琴弦必須要有一樣的張力才會有相同的音準——音準取決於琴弦的密度、張力、和振動長度，而不是總長度——但兩把吉他的彈奏手感不一樣，這是為什麼呢？因為琴弦具有彈性，否則一拉就會斷掉而永遠無法調到準確的音準。將弦按壓在琴格上所感受到的抵抗力來自於振動中的琴弦張力、琴弦在琴枕處到調音鈕的張力，以及琴弦在琴橋處到拉弦板的張力。位在琴枕和琴橋以外的琴弦張力讓琴弦彈奏起來不會太過緊繃，特別是在彈奏低音弦時不會有很硬的感覺。

　　接著他繼續分享一段在 1992 年，他與知名隆起琴身吉他的製琴師吉米 • 達奎斯特（Jimmy D' Aquisto）的對話：

　　「（達奎斯特）說包括他的老師約翰 • 達安裘利哥（John D'Angelico）和許多製琴師都把拉弦板給設計錯了，琴橋後方這一段的低音弦都比高音弦來得長。早年吉米本人使用的是等長的拉弦板，到最後他改為使用 V 形的拉弦板，讓第一弦和第六弦在琴橋後維持最短的弦長。我問他如果考量琴頭端的琴弦長度，這樣的做法應該是正確的吧。他說沒錯，G 弦才應該保留最長的弦長。」

Gibson L-5 帶有裝飾效果的拉弦板，它的形狀雖然與吉他形成對比，卻強化了其經典的個性。很難得看到這種金色與銀色結合在一起的經典配色。不論形式和機能都堪稱是級品。

琴枕

琴枕的功能

琴枕有幾個重要的功能,對音準、延音和彈奏性都有絕對的影響:

● 它是空弦振動的末端,做為琴弦一端的支撐點。

● 它將琴弦從調音弦鈕引導到指板的位置。

● 它決定了低把位的琴弦高度。

● 帶有音準補整功能的琴枕對於整把吉他的音準能有很好的貢獻。

琴枕材質

● 骨頭。這是傳統製琴時最常用的琴枕材質。它的硬度和密度能帶來很好的吉他音色,很容易拋光、並且準確地切割出琴弦嵌入的縫隙。之後的許多材質都以骨頭為仿效的範本(請繼續往下看)。製作時需配戴口罩和護目鏡。

● 熱塑性塑膠(通常直接稱為塑膠)。這種材質常使用在成本低廉的吉他上;容易因為琴弦的摩擦而破裂,進而影響延音。空心的塑膠琴枕是最差的材質,因此不建議使用。

● 塑鋼(Tusq 為品名)是一種聚合物,能達到如骨頭般的效果但是成本更低廉,也不會有像骨頭上那樣不規則的氣孔。

● 可麗耐(Corian 為品名)是杜邦公司研發用來製作琴枕的合成物質。可麗耐是由丙烯酸塑膠製成的無孔性材質,也是很好的琴枕材質。由於用途極為廣泛,你甚至可以在一些 DIY 家具店找到這種材質,而且顏色種類繁多。

● 米卡塔(Micarta 為品名)是由紙類和樹脂結合而成的複合材料,比骨頭來得軟,但一樣具有高密度。

● 金屬。通常是銅,因為鋁的耐磨性較差。金屬琴枕的音色通常較為尖銳且清晰。常聽到的批評有:在空弦彈奏和按壓弦(以手指壓弦)時會產生音色的問題。而且金屬的製作會比塑膠或其他材質來得困難。

● 象牙在過去多使用在高單價的吉他上,但因為成本和環境的考量(必須犧牲大象或海象的生命才能取得象牙),現在象牙已經是過時的產物。不要使用象牙——多數文明國家都已禁用象牙(就算還沒有相關規定的國家也不應該使用),象牙非常昂貴、取得不易,對吉他品質

不同樣式的琴枕:滾珠式、石墨琴枕、鎖定型琴枕,和這把 Les Paul 上的傳統琴枕。

一點也沒有幫助，總之使用象牙就是不對的。不如使用化石材質來取代。

- 化石。化石源自於絕種超過三萬年的動物和大型動物的骨頭。使用這種史前動物的化石也是很費工的，成本也不低。拋光後的化石會很漂亮，製作時一樣需要配戴口罩和護目鏡。

- 石墨。這類琴枕並不是由真的石墨製成，而是石墨聚脂纖維合成物。石墨纖維有很好的耐拉性，但質地容易磨損（其實石墨的耐磨性不是來自於石墨，而是聚脂纖維），表示石墨琴枕很容易刻出琴弦孔。材質上比較滑、琴弦也比較容易脫落。石墨琴枕適用在有搖座的吉他上，可能防止斷弦和走音的問題。石墨同時也是一種高硬度的材質，有助於延音的展現。

琴枕種類

- **一般琴枕**：由上述材質製作而成。

- **鎖定式琴枕**：有搖座（例如大搖座）的吉他就需要這樣的琴枕來固定琴弦以防音準跑掉。如此一來琴弦只有來自於琴橋端的拉力。鎖定式琴枕的使用方式是用螺絲固定在琴頸上，因此使得琴頸與琴頭接合處比較脆弱。

- **補整式琴枕**：這種琴枕能精準地縮短每一條琴弦的長度，讓琴枕與琴橋的補整一致，提升整把指板按壓弦的音準度。

- **滾珠式琴枕**：一些 Fender 吉他會使用滾珠式琴枕來防止琴弦按壓、調音或使用搖座時對琴枕的磨損。滾珠琴枕內有小滾珠或兩個小的金屬球，讓琴弦能自由地滑動。

- **零琴格**：有些吉他不使用琴枕，而是在原本的琴枕處改用一個較高的琴格，稱之為「零琴格」。所有的琴弦都排列在零琴格上。零琴格吉他的愛好者宣稱這種設計的好處是在空弦和按壓弦時吉他都能保持一致的音色，因為空弦也接觸在琴格上。

圖說
圖說

調音旋鈕

前面已經討論過調音旋鈕的配置方式，這邊我們再來討論一些細節。

調音旋鈕剖面圖

下圖是調音旋鈕的內部構造，也是之後幾段的討論對象。

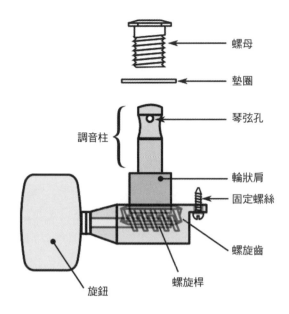

調音功能

調音旋鈕（又稱做「機器頭」、「調音機」、「調音琴頭」）的功能是調整琴弦的張力，使琴弦得以達到正確的音準。

如同其他零件一樣（可能琴枕除外），調音旋鈕不需要設計，你只需要找到合適的來使用就好（或是直接買現成品）。

調音比例

也就是調音旋鈕旋轉一圈時與調音柱的比例關係。小提琴的調音比例是 1:1 ——由於其中不含任何機械裝置，因此將旋鈕轉一圈，調音柱也跟著轉一圈。大部分的吉他調音比例則是 16:1，也就是將旋鈕轉十六圈，調音柱才會轉一圈。調音比例愈高就愈能調出正確的的音準。

斯坦伯格（Steinberger）無螺旋齒的調音旋鈕比例就做到了驚人的 40:1 ——它使用類似螺絲的裝置直接拉琴弦而不用纏繞的方式。微調音鈕的比例是 70:1，這個比例小到只能當成一般調音旋鈕的搭配零件。

調音旋鈕的品質

使用劣質的調音旋鈕會發生以下問題：

● 旋鈕因為缺乏潤滑或內部齒輪問題導致不好旋轉。

● 旋鈕和調音柱產生晃動而不穩固。

● 無法維持琴弦的音準。

特殊的調音旋鈕

固定式調音旋鈕。能夠將內部的齒輪鎖住，讓吉他在使用搖座時能維持穩定的音準。

貝斯調音旋鈕。主要是尺寸不同，為了支撐較粗的琴弦和較大的張力，這類調音旋鈕的造型比較大，其旋轉力矩和調音柱也比較一般的規格大。

琴身護板

許多吉他（吉他使用的比例比貝斯多）的琴身上都會有一塊平面的塑膠板、木片、或其他材質的面板，稱為琴身護板或防刮護板。

其功能如名，主要用來防止彈奏吉他時所用的彈片刮傷琴身的烤漆。此之，它還可以：

● **當成是安裝拾音器或電子零件的底座**。Stratocaster 最先採用這種設計，這個做法很聰明，使吉他的製作程序更有效率：木工與電子零件可以同時生產，最後再進行組合。並且十分方便未來的電路修復工作，只需要打開護板打開就可以了。

● **提升整體的美感**。琴身護板的形狀能搭配吉他的線條、或強化外觀的個性。在顏色和材質上達到與吉他互補或平衡的效果。對某些吉他來說，甚至是整把吉他展示個性最重要的元素。

琴身護板的材質

雖然琴身護板可以使用許多不同的材質，但絕大部分的吉他都使用塑膠來製作——乙烯基塑膠、聚乙烯塑膠、或丙烯酸塑膠。其他較不常用的材質如電木和賽璐珞（一種合成樹脂）則屬於易燃物質，不僅如此，經過一段時間後這類材質容易萎縮而破裂。

有些高單價的吉他甚至會使用進口木材、動物皮毛、寶石、貴金屬、珍珠母或鮑魚珍珠來製作琴身護板。

琴身護板的固定

琴身護板通常會直接鎖在琴身上（比如 Stratocaster 的方式），這種方式適用在平面琴身（和圓柱狀琴身）的吉他。但不是用在琴身表面隆起的吉他。

琴身表面隆起的吉他可以考慮將護板安裝在特殊零件上（比如 Les Paul 的方式）。這種方式可以調整高度來因應彈奏者的需求，特別是那些方便讓吉他手放置手指的護板（琴身護板又稱為手指支撐板）。

如果你想加裝琴身護板，不妨善用這個機會來強化你的吉他設計。這是能夠兼顧外觀和功能的元素。

檢核清單

挑選琴橋和琴枕

● 琴橋的種類、琴身表面和琴頸角度需要同時考量。

● 琴橋弧度要與指板弧度一致。立體可調式的琴橋不用經過改裝就能精準地設定。弧度固定的琴橋（無搖座琴橋）則要有弦鞍才能讓琴弦與指板弧度一致。

● 琴弦固定錨的設定。是否需要拉弦板？需要附有琴弦固定錨功能的琴橋嗎？還是你會先在琴身上鑽孔再安裝金屬套圈呢？

● 無搖座或有搖座的琴橋？無搖座琴橋比較容易安裝，有搖座的琴橋則多了一道程序。無搖座琴橋較容易維持吉他的音準，但要讓琴弦伸縮就只能靠手指來推弦。如果你是藍調派的當然就沒有問題，你大概也不會想要一把史提夫 · 范（Steve Vai）的速彈吉他吧。

● 如果你想設計的是速彈吉他。那你可以考慮使用大搖座琴橋搭配固定式琴枕（通常它們會一起販賣）。此時你需要在琴頭接合處鑽幾個孔，記得在琴頸和琴頭接合處製作結構強化凸出物，否則這種六個旋鈕排成一長列的設計會讓你的琴頭立刻斷裂。

● 會經常使用搖座嗎？那就使用石墨琴枕或滾珠式琴枕。它們能降低琴弦的摩擦力進而延長琴弦壽命。此外還能維持吉他的音準。

調音旋鈕的選擇

● 品質至上。吉他最主要的功能在於演奏出美妙的音樂，而音樂是由不同的音符所組成。如果吉他因為使用了劣質的調音旋鈕而無法維持音準，那就完全失去了存在的意義。

● 無螺旋齒的調音旋鈕能夠提供無可比擬的調音精準度；但是三條高音弦（G、B 和 E 弦）必須纏繞在調音旋鈕上，否則經過幾次推弦後就會失去音準。要注意調音旋鈕本身也是很脆弱的，調得過緊也會造成斷裂。

● 有些吉他調音旋鈕（和所有貝斯旋鈕）的內部設有一個孔，方便先穿過琴弦再開始纏繞。這個設計非常貼心，可以避免琴弦尖端刺傷手指。

● 根據你的吉他設計挑選合適的調音旋鈕。如果是 3+3 的配置，記得要搭配 3+3 配置的旋鈕。

● 從美學的角度看，挑選旋鈕時也要考量吉他的風格；是否與吉他上的其他旋鈕搭配得宜，想要呈現復古還是現代的風格？

圖片來源：Ethan Prater

14 挑選木材

邁爾斯：「（正在向傑克解說如何品酒）現在把你的鼻子靠上去，不要害羞；要把鼻子完全靠上去。嗯…有一點柑橘味…好像還有一點草莓味…（用嘴唇吸酒）…百香果味…（將手放在耳朵旁）…噢，還有一點淡淡的蘆筍味和一絲帶堅果風味的埃德姆起士味道。」
傑克：「哇喔！真的有草莓味，是草莓不是起士。」
邁爾斯：你在嚼口香糖嗎？！

——《尋找新方向》(亞力山大 · 潘恩，2004)

　　據說專業的品酒師有辦法分辨出多達一百五十種不同酒款的味道。那有沒有吉他專家可以「聽」出木頭的不同呢？桃花心木的聲音聽起來真的比較溫暖而楓木聽起來比較明亮嗎？

　　雖然絕大多數的廠牌都會這樣宣稱，而獨立吉他研究家 R.M. 摩托拉則有不同的看法：

　　「這個說法或許對於大多數音樂人來說非常震驚，但目前並沒有任何肯定的研究證實木材和吉他結構對音色的影響。我的建議是挑選一種你喜歡的木材（不論什麼原因都可以），不要在意它對音色的影響，專注在人體工學和重量上會更有收穫[33]。」

傳統派的吉他手可能不一定會認同他的看法，我也同意木材會對音色有所影響，但請記得我們這裡討論的是實心電吉他：

● **木材的影響很微妙**（如果你能察覺！）。
● **木材的影響並非主因**。如前面章節所提到，影響吉他音色的因素還有許多：拾音器、音箱、效果器、電路，甚至是導線。
● **無法從聲音判斷木材**。我們無法光聽吉他的音色就判斷出吉他使用的木材品種。有些品質很好的吉他是由人工合成材料製作而成；如果光用聽的，連吉他是不是木頭製成的都無法判斷！

　　例如：想像一把用螺絲固定（bolt-on）的吉他，有楓木做的琴頸和桃花心木做的琴身。我們希望，硬質楓木的的明亮音色會和高密度桃花心木的溫暖音色融合在一起，呈現出平衡的音色。但如果楓木製的琴頸延伸至整個琴身，音色會更明亮嗎？你認為楓木會讓音色變得比較亮，但反而貫穿柄式琴頸（neck-through）傳遞的高音較少。我們要釐清的重點是：製琴不完全是科學，它也是藝術。

　　最近我從吉他論壇網站看到一個吉他手的提問：「我準備要用可利娜木，哪種拾音器跟它的搭配最好呢？要如何才能帶出可利娜木的音色？」

　　下面一個人帶著疑惑的口吻回覆說：「有所謂的可利娜木音色嗎？」

　　我最喜歡第三個人的回應，他回得有點酸：「可利娜木的音色：低音強而有力、高音閃亮、中頻清晰™。」

　　沒錯，木材在吉他設計與製作中確實扮演了很重要的角色，但是如果你要用拾音器來搭配木材的音色那就是本末倒置了。

　　那我們現在就來看看木材選擇上應該注意的重點是什麼。

木材的等級

　　木材等級會依照木頭上瑕疵的數量、位置、大小、以及木材的外觀來做分級。等級高的木材代表：

● **瑕疵**：沒有木節、破裂、乾裂、和菌類。
● **外觀**：有明顯的虎紋或其他特殊的紋路樣式。
● 均勻的木紋
● 均勻的顏色
● 均勻的外觀

　　目前並沒有全球統一的製琴木材等級制度。在美國最高的硬木等級會標示為 FAS，意即品質第一和第二的兩個等級（Firsts and Seconds）。而大部分你從製琴供應商那買到的一般木材並沒有特別分級。

　　製琴供應商會將這些沒有分級的木材賣給各廠牌做為電吉他的琴頸和琴身。大部分琴頸和琴身使用的桃花心木、檀木、梣木、楓木和其他常見木種都是這樣來的。

原注 33：摘錄自 http://liutaiomottola.com/faqs.htm

製琴供應商會依照木材的形態和外觀來分級。但是分級的標準不一。有三種比較常見的評分「系統」有下列三種（因為這些系統其實並沒有特別的依據）：

● 從 A 到 AAA（AAA 代表最高等級）；
● 從 A 到 AAA，再加上一個「優等」或類似的等級名稱；
● 從 A 到 AAAAA

雖然等級愈高價格也愈貴，但是每一家供應商的分級機制都不一樣，即使是同一家供應商從以前到現在的標準可能也已經改變。唯一的辦法就是直接詢問。只有幾間供應商的分級制度做得很好，但大部分都不算太好。有經驗的製琴師可以透過經驗找到合適的木材；還是建議初學者先從專門的製琴木材供應商找起。

木材的價格

影響木材價格的因素如下：

● 最主要是木材的外觀、顏色、紋路，以及其他讓木材看起來很獨特的明顯特徵。
　易取得性（通常與環保議題有關）。
● 木材產地與區域性。例如蕾絲木的產地是澳洲，因此在澳洲當地一定會比在歐洲購買來得便宜。
● 產地和交易地的匯差。
● 尺寸和形狀：大小、平整度、和厚薄度等。

木材的重量

大多數人都認為重木材比輕木材有更好的延音效果。但其實不然，有些輕木材的延音效果反而比較好。為什麼呢？延音主要取決於木材的硬度而非密度。密度高不一定延音就好。

或許木材密度不會影響吉他的延音，但確實會影響它的重量。Stratocaster 的琴身體積大約是 3.3 公升（沒錯，我真的把 Stratocaster 放入水中量測）。因此如果你使用密度 0.41 的椴木（410 克 / 公升），琴身的重量就會是 1.35 公斤（大約 3 磅多）。但如果使用癒瘡木，重量就會增加到 5 公斤（大約 11 磅）。癒瘡木的密度是 1300 克 / 公升：它甚至不會漂浮在水上。雖然有些人喜歡重的吉他，但就算請魔鬼終結者來背一把重七公斤的吉他，在台上表演兩小時一定也會腰痠背痛。

生物危害

滿久之前我想嘗試用不同的木材製琴，然後我看上了一塊漂亮的柚木，想拿它來製作貝斯。柚木通常用來打造高質感的家具，特別是那些漂亮又有現代感的丹麥家具。幸運的是，在我買下柚木之前我發現這是一種生物活性很強的木材：它會釋放出有毒的化學物質，可能是植物抵禦蟲害的機制。

又有一次，我讀到一篇知名古典吉他製琴師的訪問，他被問到在缺乏巴西玫瑰木的前提下，他最喜歡用哪種木頭來製作西班牙吉他，他的回答是「紅破斧木」。我很熟悉這種木材，它來自南美洲的一塊特殊區域，剛好我小時候就住在那附近。紅破斧木非常堅硬、沉重，帶有漂亮的深紅色，但是會引發鼻咽癌。

這些有毒物質通常是透過木屑傳遞，製作時一定要配戴口罩和護目鏡。就算你挑選無毒的木材，長期吸入木屑也會危害身體健康，可能會讓你失去嗅覺或味覺。

生態保護

砍樹製作吉他是不是在破壞環境？我們應該放棄製作吉他改做其他事嗎？

當然不是的。使用木材並不等於破壞環境，除非你使用某些木材。特別是過度使用黑檀木、布賓加、或雞翅木等，它們都是瀕臨絕種的植物，很可能從此就從地球上消失了。

對於這些瀕臨絕種的樹木上我們絕對不能妥協。別管這類木材對音色的影響了，這都只是行銷話術而已。這些行銷人員自己也不可能分辨出馬達加斯加玫瑰木製作的吉他和楊木吉他的音色有何不同。大自然知道他們的差異在哪，馬達加斯加玫瑰木是即將絕種的木材而楊木的數量卻很豐富。除此之外，火焰紋路的楓木和其他頂級、漂亮的木材它們的共振性也極佳並且數量豐富，至少在我寫這篇文章的當下是如此。

常見的理由

我同意在木吉他和古典吉他製作上，木材確實對音色有很大的影響，但難道我們就該任由木吉他製琴師使用瀕臨絕種的木材嗎？當然不是。每次說到這裡，一定有人會說一個老掉牙的藉口：「如果我不用，別人也會用啊」。

首先，用這些瀕臨絕種的木材製作吉他一定會增加很多成本，讓你的獲利更加困難。另外，以愛護環境的方式經營事業也是比較好的行銷策略。如果別人的吉他採用這些瀕臨絕種的木材，那你就可以說你的吉他木材取自於有嚴格管理的林場。如果你的木材供應商得到 FSC（森林管理委員會）的認證，那你大可以放心使[34]。

有時候還會聽到更可笑的理由：「廉價木材應該拿去做椅子，我做的可是樂器」。那又怎樣？如果我們是專業的（一定要有這樣的自信）製琴師（或是身為一個有責任感的人），這種道德問題一定要遵守。

原注 34：www.fsc.org

174

森林保護的矛盾裡論

你是否聽過這種「森林保護的矛盾裡論」？說「重造森林最好的方式就是開採它」。當木材需求愈來愈高，重造森林就成了一項很好的投資。他們總是說：「市場會照顧它們的」。

我從這個說法中看到兩個問題。第一，來自於未開發國家的稀有木材通常因為政府沒有明文規定要保護自然資源，再加上當地政府因為貪腐問題而失去了管制的措施。因為缺乏管理（或因為貪腐），亞馬遜河區域每天消失的森林範圍大到等於好幾座足球場。之後就沒有人在意森林的再生了。如果我們繼續任由這些人開採絕種木材，相信不久之後我們只能使用回收的塑膠或類似的材質來製作吉他了。這些人唯一在意的就是如何用盡這些天然資源來獲取暴利。

第二，那些重造森林地區的生態還是被破壞了。因為消滅森林就等於消滅鳥類、昆蟲、細菌、動物和其他依賴森林的物種。大量地以新的植物來取代原來的森林並不表示你能復原之前的生態系統；最後只會像在沙漠上種樹而已[35]。

挑選木材的四個原則

我們該挑選哪些木材來製作吉他呢？

● **原則一**：只選用非瀕臨絕種的木材。

● **原則二**：在不違反原則一的前提下選擇無生物危害或危害極小的木材。

● **原則三**：在不違反原則一、二的前提下選用傳統製琴常用的木材。

● **原則四**：在不違反上述所有原則的前提下，就近取材，這不但可以減少運送時對環境造成的汙染，還能促進地方經濟[36]。

我們必須尊敬這些木材，因為他們是另一種生命。一塊木材跟一塊石頭、玻璃或塑膠不一樣。木材跟其他材質是無法相提並論的。

讓我們一起來選用經過認證的木材，並且善用它，盡量減少浪費。拒絕與不愛護森林的人合作，否則我們自己也會受害。

原注 35：出自〈人造林不是森林〉（Plantations are not forests）一文，資料來源 http://www.wrm.org.uy/plantations/material/text.pdf

原注 36：製作電吉他專用的木材及其完整的描述和物理特性請詳閱附錄 B。

圖片來源：Chewy Chua

⑮ 塗料處理

● 塗料的類型：優缺點
● 塗料處理的技巧和效果
● 顏色：象徵、聯想、組合

> 史特拉底瓦里提琴的秘密早在 300 年前就破
> 功了，因為賣給他松脂和鳥糞混合配方的化
> 學家早已不知去向。
>
> ── 《美國製琴雜誌》（作者不可考）

　　把吉他各零件組合在一起之前必須進行塗料處理，這雖然是最後一個步驟，但卻是大家最先注意到的地方。**在設計階段，我們要先決定這把吉他的塗料處理方式**，包含塗料的種類、顏色和效果。

　　專業的塗料處理很費工費時。不僅如此，不同的技巧需搭配不同的材料、設備、安全防護和嚴謹的施工步驟（參考步驟如下）。因此想要完全掌握塗料的各個面向，你或許需要其他專業書籍的輔助，因為此步驟的繁雜程度遠遠超越設計的範疇[37]。

　　以下內容能幫助你了解有哪些選擇，認識不同方式的主要差異，在考量複雜度、必需設備、成本、潛在危害和效果後才能做出最合適的選擇。

原注 37：推薦由丹・爾文（Dan Erlewine）和唐・麥可羅斯堤（Don McRostie）合著的，《吉他塗料處理步驟》（Guitar Finishing Step-by Step），本書中也引用了其部分內容。

吉他塗料的類型

根據不同的塗料硬化（風乾、變硬）方式，吉他塗料大致可以分為三大類：

● **蒸發式**。這類溶劑會蒸發，使懸浮的樹脂成分回到乾硬的狀態。製琴常用的蒸發式塗料有透明漆、蟲膠漆和清漆。蒸發塗料的一大特色是會稍微熔掉前一層漆，與之漆合為一體，讓表面更容易拋光。當然，其中只有透明漆運用在大部分的電吉他上。

● **氧化式**。這類塗料需與空氣中的氧氣結合，或是在使用前加入硬化劑來硬化。例如：聚合油類、聚酯塗料、單組份聚氨酯塗料。油性清漆和膠漆（一種膠狀的油性清漆）都是屬於這個類別。電吉他常用的是聚酯塗料和單組份聚氨酯塗料。

● **聚結式**。這種塗料的蒸發成分是水，水分蒸發後會讓原本懸浮的成分結合在一起（合體），相互黏結並在表面形成一層膜。水性漆即屬於這個類別，小型的電的吉他工作室大多使用這一類塗料。

上吉他塗料的步驟

不同的塗料、材質和效果雖然需要不同的步驟，但大致的步驟如下。有些步驟需要重複很多次；有些（例如磨光）則需要拆成多個步驟來處理。

● **表面打底**。透過削、磨等方式將木材表面的汙染物或多餘的部分（矽樹脂、蠟和汙垢）處理乾淨。

● **修復**。缺口、裂痕和任何木材上的傷痕都可以使用特殊材質來填補，當然也要符合吉他表面的光面或霧面。

● **密封**。這個步驟也可以等到上漆再處理。主要目的在於上漆後不要讓塗料流進木紋的縫隙中。

● **木紋填補**。如果木材上有明顯的孔，經過這個步驟能讓表面看起來平滑。
磨光。使用由粗至細，不同係數的砂紙來磨光表面（係數代表砂紙的粗糙程度）。

● **遮蓋**。如果想在吉他上設計裝飾鑲邊或在該部分使用另一種顏色的塗料，或是某一部分不要上漆（例如琴頸接柄槽）就需要此步驟。

● **上底漆**。主要在於能讓後續的漆料緊密附著在吉他表面（此步驟適用在非光滑的表面）。

● **噴色**。特殊效果也是在這個步驟一併處理。例如：陽光四射、破碎、或噴槍效果等。

● **上透明漆**。透明漆的主要功能是保護主漆，同時也能形成一層保護膜，後續才能做磨光和拋光處理。

● **磨光**。使用磨光機和其他方式。這個步驟需要專業，通常在能掌握烤漆技巧後才能取得此技術。此外，也經常發生意外。由於吉他在接觸到快速轉動的磨砂輪時容易彈到你的臉上，一定要使用全罩式的面罩來保護自己。

● **拋光**。將乳狀或液狀材質塗布在吉他表面。

表面塗料種類

以下將介紹吉他表面常用塗料的種類。討論內容包括上漆時所需的設備、毒性、光澤度，以及第一次使用時的操作方式。

光澤度愈高不代表愈好，好壞均取決於你想要達到的視覺效果。

硝化纖維透明塗料

根據前一頁的的分類，硝化纖維透明塗料屬於蒸發式塗料。相對來說較容易上手，風乾的速度很快，也可以磨出高的光澤感。這是傳統吉他常用的塗料。以前只使用在大廠牌的吉他上，直到最近才被其他品牌廣為使用。這種塗料採用噴塗方式，對人體和環境的毒性都很高，接觸到人造纖維時（吉他架、背帶和吉他箱）容易受損。

使用硝化纖維透明塗料時需要特殊設備才能達到高品質的效果，如果你是第一次使用，使用一般的噴漆罐即可。

油性塗料

油性塗料是氧化式的塗料。使用上比其他塗料較為容易上手，操作得宜的話可以美化木材本身的特性。常見的油性塗料有桐油、亞麻籽油，有時也被稱為丹麥油。上漆方式很簡單，用手拿布擦拭即可。油性塗料甚至不算是專業的表面塗料。常用於貝斯，而不常用於吉他上。

使用油性塗料需搭配使用砂紙和聚合油，直到表面呈現自然的平滑感為止。

不需要拋光到很高的光澤度，大概是霧面或半霧面的效果。油性塗料很適合第一次製琴的人使用，因為它的成本低、容易使用，程序較其他塗料來得簡單。

原注 39：這是我在約翰‧格蘭尼奇（John Gleinicki）的書中《如何只用幾罐噴漆就能像廠牌吉他一樣塗裝》（How To Create A Factory Guitar Finish With Just A Couple Of Spray Cans!）找到的最完整資訊，另有網路教學影片，請前往下列網站：www.paintyourownguitar.com

聚酯塗料和聚氨酯透明塗料

聚酯塗料和聚氨酯透明塗料均屬於氧化式塗料。大部分用於汽車業和現今大多數大型的吉他廠牌。

聚酯和聚氨酯透明塗料的優點：表面硬度高、塗層厚、光澤度高。上漆速度快，磨光程序也相對簡單。缺點：需要搭配高毒性、非常易燃（易爆炸！）的硬化劑，也需要投資大量的設備和器材。這兩種塗料完全不適合初學者使用；只有非常專業的製琴師才能在安全和不浪費的前提下操作。

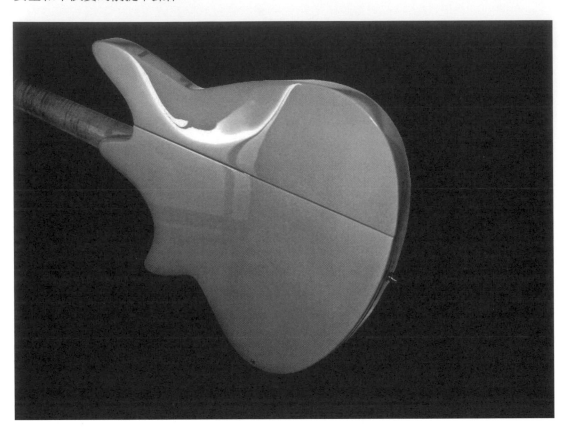

水性塗料

水性塗料屬於聚結式材料。相當受小型的獨立品牌歡迎，在可燃性、健康危害和環境危害上都比其他表面漆料優秀。水性塗料是由極微小的樹脂顆粒組合而成（丙烯酸、氨基鉀酸酯、或兩種都有），小顆粒會懸浮在溶劑、水和其他成分中。水性塗料不可燃，溶劑的毒性與其他表面漆一樣，但是水性塗料的溶劑含量很低。水性塗料需搭配合適的木紋填補材料、色漆、磨砂和磨光技巧。

雖然大部分的製琴師都是以噴塗方式來上水性塗料，但其實也可以用刷塗的方式，對新手來說比較容易。但相對地，要讓漆面達到均勻會比較費工。

相較於溶劑式塗料，水性塗料的優點是密度高，用量相對少。不需要搭配溶劑型的稀釋劑，只需要加蒸餾水或類似功能的液體就能稀釋。運送上也沒有什麼限制，不像危險品或毒性產品有很多受限。清理上也很容易，只需使用溫水就可清理。

法式磨光漆

法式磨光漆屬於蒸發式塗料。常用在木吉他上，以古典吉他為主。上漆時需要塗上很多薄薄的蟲膠層（一種來自印度和泰國森林的蟲身上的膠），蟲膠必須先溶解在酒精中再用拋光墊來上漆。此種表面漆的名稱叫做蟲膠，但上漆的方式稱為法式磨光漆。拋光墊則是一塊中間塞入填充物的布料，通常稱為 muñeca（西班牙文的洋娃娃）。

法式磨光漆的優點：即使在深色上也能做出很高的光澤感和立體折色效果（木紋呈現很亮眼的立體光澤）；它也是很好的密封劑，因為它幾乎附著在任何表面上。缺點：雖然很容易修復，但是法式磨光塗料對於水、酒精和其他液體都很敏感（包含糖在內），因此法式磨光不常使用在電吉他上，除非想要快速地做出仿舊的表面效果。

表面不上漆

你當然也可以不上任何塗料。有些吉他手喜歡天然的木頭質地。但是日積月累後，手汗會傷害木材，使吉他外觀失去專業感，因此不建議這樣做。你可以改用油料來保護外層，一樣能達到很不錯的效果。

「對我來說最好的表面塗層方式是什麼呢？」

如果你想要簡單、快速便宜、又好看的方式，就選擇油性塗料吧，特別是在貝斯上。非常適合那些設備不多、空間不大（可能是利用家中的一個小角落或一張桌子工作）的製琴師。

如果你想要高光澤度的效果，又具備噴塗設備和合適的塗裝工作間，建議你使用水性漆。如果你沒有相關設備，也可以用刷子來上水性漆，但在接下來的步驟你可能需要投入較多的時間和心力。

如果你一定要使用**聚酯塗料或聚氨酯透明塗料**，建議你將吉他交由給專業人士處理。他們有齊全的設備和技巧，能達到你期待的效果。以時間、成本、安全和成效來說這是最方便的做法。交由專業人士來完成琴身的上漆花費大約在 200 到 400 美金不等。如果你執意要自己動手，成本可能很難預估，因為你需要添購設備，而且可能會經過很多次失敗才會成功（如果你成功的話）。

最糟的狀況：上漆時要需要做好的通風、戴上面罩、防護手套，吉他塗料等待硬化的過程需放置在特定區域，避免經過的人吸入蒸發的塗料。這些塗料含有對人體有害的化學物質，會透過皮膚吸收到肺部，你絕不會希望這種情形發生。有些塗料（例如聚酯塗料）甚至需要搭配體積龐大且造價昂貴的壓縮機和通風設備。塗料施作工作間的電燈開關和其他電氣設備必須防爆，因為一點點火花就可能會造成災害。如果你想在自己的工作室中設計一個上漆室，一定要請教專業又有經驗的顧問協助。

效果

自然（透明）的表面

　　吉他和貝斯一般都會塗布所謂的「純色」，在木材上使用純色是合理的，這樣就不會呈現出木材原本的紋路。但如果木材本身的條件很好，那你可能會想使用透明的塗料（完全透明的塗料或透明的著色劑）來凸顯木材的特色。使用透明漆或油料可以帶出木紋的特色，因此針對一些漂亮的木頭，透明漆和油料就成了最好的選擇。確保所有上漆前的底層也要使用透明的材料（底漆、密封、填充物等）。

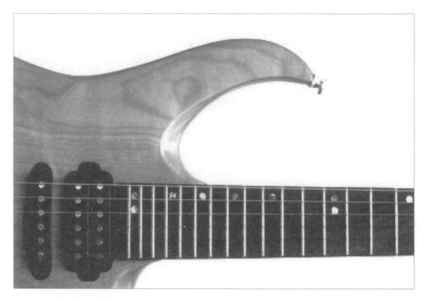

光芒四射

　　中心區域的顏色較淺（通常會讓木材的天然紋路浮現出來），愈到外圍顏色愈深。這種效果可以搭配不同顏色（例如從黃色到橘色，再到紅色，最後則是黑色），也可以只用同一個顏色做深淺變化，通常中心會顯現出木材的紋路。

花樣

　　花樣和背景色通常會使用重複的抽象圖案或裝飾。例如波卡圓點、范‧海倫的線條、或各種天馬行空的圖案。這種效果會用到大量的遮蓋技術，上漆時需要很高的專注力，最後上透明漆時也要很嚴謹才能掩飾不同色層之間的瑕疵。

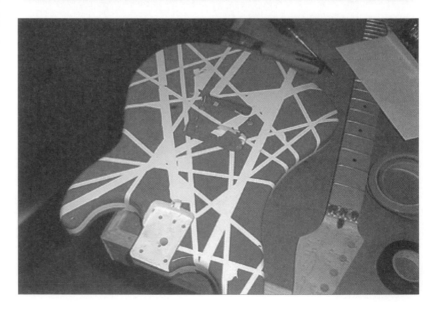

色彩學 [40]

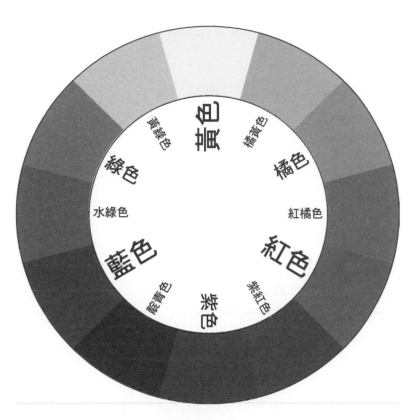

色環文字標示（由圖上各區塊）：黃色、橘黃色、橘色、紅橘色、紅色、紫紅色、紫色、靛青色、藍色、水綠色、綠色、青綠色

原色、二次色和三次色

我們可以將「顏色」定義為：物體透過光譜（光的能量和波長的分布）反射出的視覺特徵。我們稱紅、黃、藍為原色，因為這三種顏色無法透過其他顏色混和得到；事實上，所有其他的顏色都可以透過這三種顏色混和而成。

二次色指的是由兩種原色調和而成的顏色。二次色分別為橘色（紅色＋黃色）、綠色（藍色＋黃色）和紫色（紅色＋藍色）。

三次色則是由一個原色和一個二次色調和而成的顏色。三次色包括：

● 紅橘色
● 橘黃色
● 紫紅色
● 黃綠色（黃色＋綠色）
● 水綠色（綠色＋藍色）
● 靛青色（藍色＋紫色）

色彩混搭

透過運用色環來認識顏色之間的關係是很實際的做法方式，色環是根據色彩理論、組織化呈現出所有色相的一張環狀圖（如上圖）。色環的中心是白色，因為白色是由所有顏色組合而成（這裡我們是就視覺的層面來討論這個主題；如果你真的將很多種顏料色混在一起，其實不可能調配出白色）。

兩個鄰近的顏色調配在一起會呈現出兩色之間的色相。色環最有趣的地方是能幫助我們理解當混合兩種或以上不同顏色時的效果。

● **類似色是色環上鄰近的兩個顏色。** 由於同屬於相似的色調，因此他們的混和性佳，能達到很好的混合結果。

● **對比色是色環上相對的兩個顏色。** 他們互相形成對比，會讓顏色更加強化。如果要凸顯某個部分時請運用對比色，一個當成主色，另一個為底色。搭配得宜就會很顯眼，如果沒搭好則會顯得不好看。如果不要讓兩個顏色的對比性這麼強烈，可以選用對比色旁邊的顏色（對比色的鄰近色）。

● **三等分色是兩個顏色差距在 120 度的顏色。** 在色環上屬於「綜合體」；因此，這種配色會顯得很有活力。但我還沒看到一款將三等分色運用得宜的吉他或貝斯。

原注 40：在此僅討論基本的色彩學，也就是我們每天都會看到的顏色，不會包含複雜的加色和減色理論。

色彩的意義和關聯性

下表標示出顏色的冷色調或暖色調。冷暖色調沒有統一的標準；只是理論上我們對顏色產生的聯想（例如藍色的結冰水、紅色熾熱的鐵）。此外會包含主要色調在心理學上或文化上的意涵，幫助你挑選出搭配吉他手的個性的合適顏色。每種顏色都會有正面和負面的意義。

冷色	中性色	暖色	混雜色
藍色 👍 重要、和平、智慧 👎 悲傷、冷	**黑色** 👍 嚴肅、神秘 👎 邪惡、死亡、黑暗	**紅色** 👍 愛、熱情、情感、歡樂、力量 👎 氣憤、危險、狂怒	**紫色** 👍 高貴、浪漫、神聖 👎 自大、沮喪
綠色 👍 成長、健康、環境、和諧 👎 不成熟	**棕色** 👍 大地、簡約、友善 👎 骯髒	**黃色** 👍 幸福、歡樂、紀念意義 👎 嘲諷、壞運氣	**淡紫色** 👍 典雅、優雅、精美、女性氣息
灰色 👍 精緻、正式 👎 昏暗	**米色** 👍 冷靜、放鬆、卓越 👎 軟弱	**橘色** 👍 能量、溫暖、改變、健康 👎 侵略	**藍綠色** 👍 陰柔氣息、精緻
白色 👍 純潔、天真、柔和 👎 冷	**銀色** 👍 魅力、豐富、富有 👎 死板	**金色** 👍 金碧輝煌、富有 👎 虛假	**粉紅色** 👍 甜美、愛、有趣 👎 孩子氣

不和諧的色調

色彩搭配完全雖然是個人的品味，但還是有一些建議可供參考：

冷暖色調通常不容易搭配在一起。中性色適合復古的吉他，很適合做為底色。

► 搭配兩種以上原色時要特別注意，原色運用在跑車和玩具上很適合，但在電吉他上並非如此，因為原色單獨時的色澤十分搶眼。

► 深色配深色。雖然黑色跟任何顏色都很搭，但與深色做搭配時就不見得好看。想像一下深藍色的琴身護板覆蓋在黑色的琴身上。

► 淺色配淺色。淺色互相搭配很容易讓人混淆，但白色跟任何淺色系搭配基本上都很合適。

► 在視覺上，吉他的每一個部位都會不同的輕重分量之差。輕的顏色比重的顏色少了一些扎實感。亮色系比中性色給人較強烈的視覺效果。暖色調，如黃色會使得該部位被放大的效果；冷色調則給人比例縮小的感覺。亮面比霧面看起輕盈。當設定吉它顏色時，不仿將這些小細節都考量進去。

► 建議上網找尋一些色彩搭配協調的色盤。顏色搭配不只是名稱或光波長度而已，善用色彩專家的建議幫你的吉他配色加分。

檢核清單

從設計的角度來看，在塗料過程中你必須決定：

● **塗料的種類**（硝酸類或聚酯類等）和相關的施作程序。要考慮設備、危害、成本、時間和難易度，以及你是否具備能駕馭該技術技巧和經驗。

● **塗料的透明度**（清漆、染色漆、不透明漆？）在不美觀的木材（例如椴木）上使用硬色；漂亮的木材紋路則使用透明漆或染色性漆。

● **使用的顏色**，考慮吉他的類型、彈奏者的性別、年齡、音樂型態等。

● **表面的效果**（陽光四射、裂痕、或其他？）沒有任何效果也是一種選擇。

其他建議：

● 選用紋路相近的木材（詳見附錄 B），如楓木，可以簡化處理的過程。不規則的木材表面需要比較多填補和磨光的程序（開放的紋路、霉紋楓木）。

● 油性塗料比噴漆好操作、便宜，效果也很好。但是並不適用在所有木材上（例如蕾絲木）。試試看將這種塗料運用在貝斯上或是任何木材質感漂亮的吉他上。

● 再次強調，最重要的建議是：在設備充足、時間、經驗都能負荷的情況下才建議自己動手上漆。否則應該尋求專業人士協助。

表面塗料是製琴的最後一個步驟：經過幾周或幾個月的努力後，終於可以看一下吉他的最終樣貌，但在此步驟完成前你還無法看到吉他的真面日。這是最冗長、困難、混亂、也最容易出錯的階段。

沉住氣，馬上就能看到成品了！

或者你可以乾脆碎掉的鏡子貼上去，像這把 Ibanez Iceman，省錢又省力！（開玩笑的）

—— 第六篇 ——

成品亮相

16：繪製完整的吉他設計圖

最後這個章節會一步步地教你繪製電吉他或貝斯的設計藍圖，這張藍圖會引導你進行後續的實作步驟。

⓯ 繪製完整的吉他設計圖

- 塗料的類型：優缺點
- 塗料處理的技巧和效果
- 顏色：象徵、聯想、組合

「沒有地圖，你哪兒也去不了」

（作者不詳）

　　設計電吉他或貝斯的最後一個階段是繪製出完整的設計圖，這張設計圖會引導你後續的製作過程。

　　完整的設計圖必須包含下列內容，你可以在之後的幾頁看到：

- 吉他的正面
- 側面
- 琴頸部位（在第一琴格和第十二琴格處）
- 電路圖

　　如果你問我本書最重要的建議是什麼，我會說：「**在沒有完整設計圖之前不要製作吉他**」。且走且看的做事方式絕對不可能做出一把好的吉他。

　　第二重要的建議是：你的設計圖尺寸要和實際的吉他一樣大（1:1 的尺寸比例），這裡指的是最後的版本。為了節省紙張和減輕工作負擔，建議先用一般大小的紙張試畫幾次草圖，在草圖上進行修改，確認後再將最終版本繪製在藍圖上。

必備工具

　　最後繪製設計圖時，你需要的工具除了如使用說明裡所提到的（一支製圖鉛筆、橡皮擦和一把透明的短尺），還要再加上：

- **長尺**，建議最小要有 28 英吋的長尺（至少 70 公分以上）。使用長尺繪製琴弦和指板的兩側，這部份不要使用短尺，否則線條會不夠筆直，因為線條愈長差異會愈越大。
- **量角器**，透明為佳。
- **幾張 E 尺寸的紙**（34 x 44 英吋）或 ISO Ao 尺寸的紙張（33-7/64 英 x 46-13/16 英吋，也就是 841 x 1189 公厘），再小的尺寸就會不夠使用。繪製等比例的設計圖，你只需要計算和量測每一個部位的大小，不需要再痛苦地做等比例的縮放，不需想像的就可以直接看出實際的大小。

使用電腦來繪製設計圖

　　如果你熟悉電腦，當然可以用電腦來繪圖，這種方式比較專業。前提是你必須對繪圖軟體有一定程度的了解。到了某一個階段後也要將設計圖印製出來，多少都會花上一些成本。

如何繪製藍圖？——正面

　　不論你使用哪一種媒材，我都建議你遵照下面的順序來繪製設計圖：

1. **首先，畫出一條對稱軸**，這是整張圖的基礎：

2. **標示出弦長規格（scale）**，前後各保留一些空間給琴頭和琴身。

3. **標示出幾個主要的位置**：第 0 格（琴枕）、第五琴格、第十二格、第二十四琴格和琴橋。以虛線描繪的長方形區域是一般吉他箱子的大小。如果你希望將吉他限制在某一個尺寸內，這個技巧非常實用（虛線沒有標示出箱子內部的大小）。

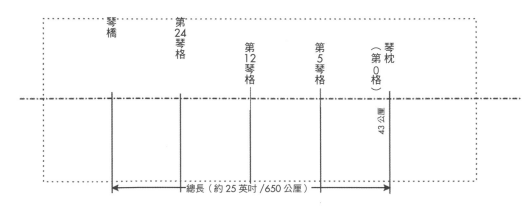

4. **標出琴枕和琴橋的位置，弦長規格的末端要落在琴鞍的位置。** 在此還不用擔心補整；補整會等到吉他製作好之後再來調整。

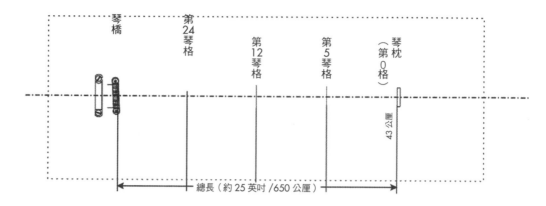

5. **標出琴弦在琴枕和琴橋處的分布情形。** 標出琴弦的中心線。

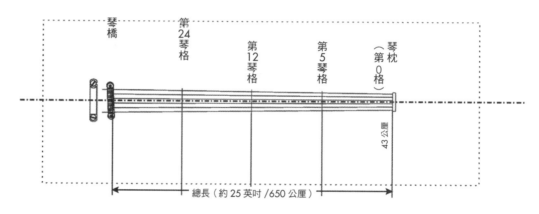

6. **繪製指板的邊緣輪廓。並且畫出指板的末端。** 以 24 琴格為例，從琴枕到指板末端的長度剛好是弦長規格（24 琴格）的 75%，再加上 1/3 英吋（約 8 ～ 9 公厘）的長度。琴頸的其他相關部位也可以一併標示出來，包括第 1 琴格和第 24 琴格。詳細繪製張力桿凹槽的大小。

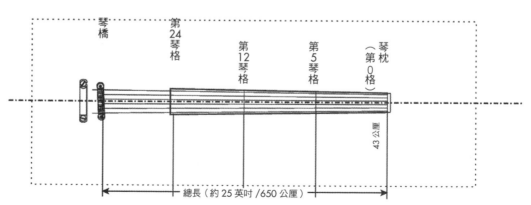

7.繪製拾音器，包括拾音器環（如果有需要的話）和拾音器電路槽。

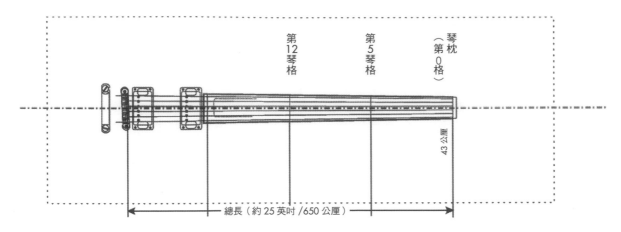

8.繪製吉他琴身。

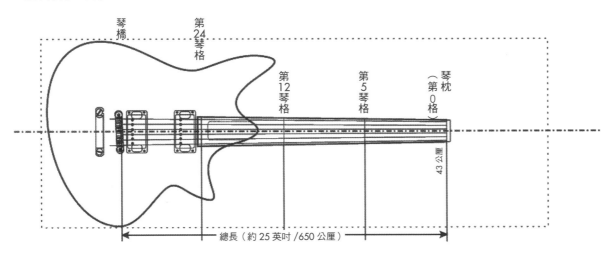

9.繪製控制鈕：旋鈕、切換開關和導線孔等。

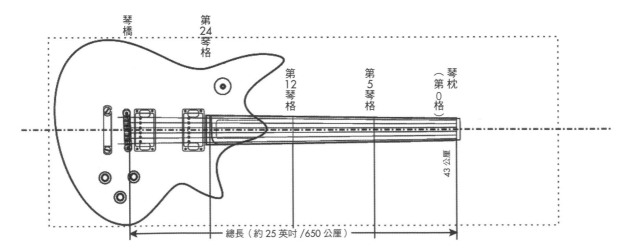

10.**繪製控制鈕電路槽**的周邊（電路槽要獨立，不要接觸到其他功能的電路槽或是太靠近吉他的外輪廓，也不要碰到琴橋）。畫出電路槽的蓋子、配線通道和切角弧度（琴腹斜面和手臂放置處）

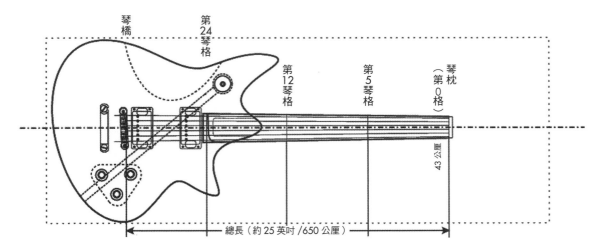

11.**繪製琴身護板。**

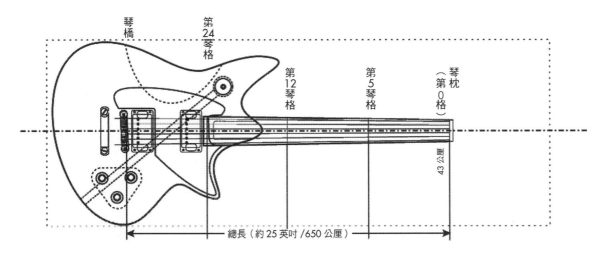

12.**繪製調音旋鈕。**

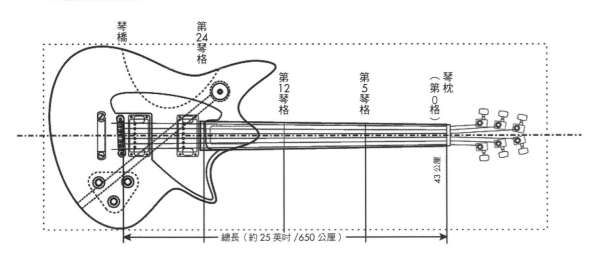

13. 繪製琴頭和琴頭的輪廓。

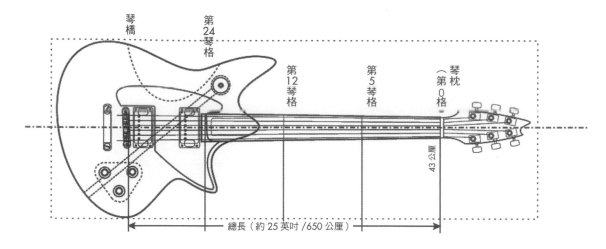

　　我不在這裡繪製出琴格，以便清楚呈現琴頸／琴身的接合處、張力桿凹槽，以及琴弦和指板邊緣的關係。

　　正面設計圖畫好了之後，就可以看出主要部位的輪廓：琴頭、指板、琴身、控制旋鈕電路槽和琴身護板等。

側面圖

　　正面設計圖無法看出琴頭和琴頸、或者琴頸和琴身之間的角度。在繪製之前要先有這個概念。因此，我們要依照正面設計圖去繪製側面圖來說明琴頸角度、琴頭角度、接柄槽深度、內部通道位置、吉他的厚度、接合處的尺寸（琴頸根部和琴身根部）、指板和琴身表面的相對位置，以及琴頸的側面（為了看出琴頸的厚度和琴頸強化處的位置）。

　　參考正面設計圖，依下列步驟繪圖：

1. **繪製琴身**。如果琴身表面隆起，就要把這個弧度繪製出來。側面圖通常會對準正面圖的各個相關位置。

2. **繪製琴頸接柄槽**（這會決定琴頸角度）。

3. **繪製指板和琴頸**。特別注意到琴頸的角度：如果琴頸有角度，側面圖就無法完全對準正面圖。

4. **繪製琴枕和琴橋**。

5. **繪製琴頭和琴頭強化處**。同樣地，如果琴頸或琴頭帶有角度，指板的側面就不會完全對準正面。

6. **繪製調音旋鈕**。

7. **繪製拾音器電路槽、控制旋鈕電路槽和控制旋鈕**。

　　這個步驟完成後，你的設計圖大概會和下頁的圖例類似（再加上琴頸側面圖和電路圖）。此圖的長方形代表 E 尺寸的紙張（34 x 44 英吋；864 x 1118 公厘），上面畫了一把39-1/2 英吋（100 公分）長的吉他。

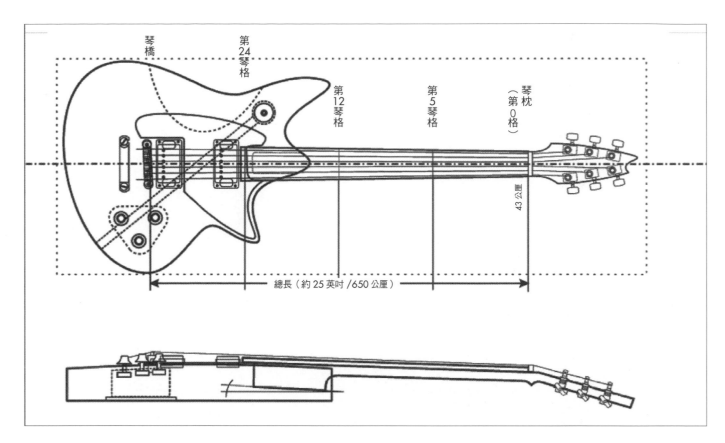

電路圖

電路圖可以畫在另一張文件大小的紙張上。因為當你開始焊接時,這種尺寸會比 E 尺寸來得容易使用。將相關電子零件依照實際的尺寸和配置方式繪製在設計圖上,如此一來才能計算出所需的配線長度。

設計圖的作用

● 用來製作吉他原型(就算是厚紙板也沒關係)。檢視吉他的平衡、尺寸和比例是否能與你的身型搭配,站在鏡子前面看一下。

● 可以計算出你需要購買的木材量。

● 準備購買清單。

● 做為製作階段時的參考。在製作階段時,設計圖是你的最佳好友。

● 用來打造集結上述所有重點的輪廓樣板。

完成最終版的設計圖之後,小小慶祝一番吧:你完整畫出了一把全新電吉他或貝斯的設計圖了。

恭喜你!

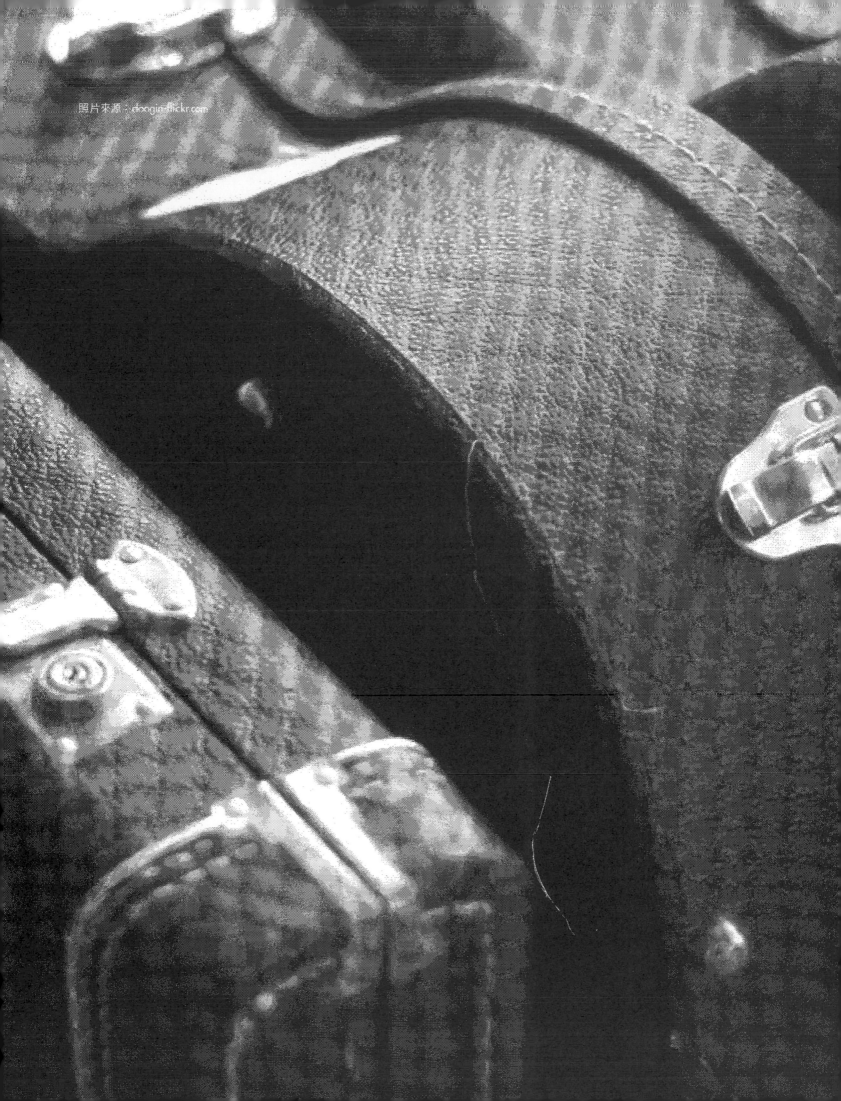

 # 後記

「不用擔心今天是不是世界末日，澳洲已經
是明天了！」

—— 查爾斯・舒茲
（漫畫家、查理布朗的創造者）

一位美國科學家兼作家克里夫・斯多（Clifford Stoll）曾說：「事情第一次做的時候叫科學、第二次做的時候叫工程、第三次做的時候就（只）是科技了。」

當機器幫你完成了上百萬件複製品，你完全不用動手做的時候又稱為什麼呢？這已經不是科技了，甚至稱不上有「做了」什麼事。

並不是所有樂器的製作都等於製琴工藝（lutherie）。

當你的成品是透過生產線製造，幾乎不經過人的眼睛，這就不是製琴，這只是一種量產的過程。

當你的吉他使用瀕臨絕種的木材，還宣稱是獨家、手工、大師手工款、製琴師手工款、獨特、精品吉他時，這就不是製琴，這根本是拙劣的過失。

當品牌砸大錢做廣告宣稱某個最新款的型號，實際上只是將舊的型號漆上新的顏色或只是更換人代言時，這就不是製琴。

作家兼製琴師威廉‧坎佩諾（William Cumpiano）曾寫到：

每個人都想當大人物，但沒有人想成為大人物。每個人都想當專家，但沒有人想成為專家。在真正「當」到某個角色之前，你必須付出努力去成就這個夢想。

我發現我經常跟學生說：「不要再幻想了，不可能上過幾堂課就可以成為製琴師。你只能了解一些技巧和相關的組裝知識而已，但經驗是無法透過學習而得到。經驗只能靠時間的累積，就像你的歲數增長一樣是急不來的。經驗必須透過許多次吉他的製作過程才能累積。

「大師」是那些比你歷經過更多次失敗的人，他犯過你還沒犯過的錯誤，並且能夠接受失敗因此能在失敗中成長。

所以你每失敗一次就離精通的製琴技術更近一步。我們究竟要經過多少次失敗呢？直到你成為大師級製琴師的那一天。大師能夠忍受過去無數次的失敗，直到他嚐遍所有失敗。

我們時不時會聽到有人誇口說他們找到了史特拉底瓦里的製琴秘密了，講的好像製作一把出色的樂器只有一個祕密似的！

秘密當然不只一個，是有很多個。

當我們持續走在這條路上，這些秘密就會慢慢浮現出來了。

感謝你的閱讀！

附錄

A. 吉他設計師專訪
B. 聲木介紹
C. 拾音器色碼
D. 拾音器電路槽模板

附錄 A
吉他設計師專訪

這三個問題剛好呼應本書的幾個主軸：創作靈感、音色、美感、彈奏性和原創性。我們就來聽聽這幾位美國和歐洲知名製琴師的經驗分享，請繼續閱讀以下的訪談內容。

奈德・史坦伯格 Ned Steinberger

1. 你的靈感從何而來？你是如何取得這些想法的？

我的靈感來自於單純的想法，任何時候都有可能出現靈感。靈感也來自於實驗、嘗試和錯誤。對我來說，錯誤是我最好的老師。我的靈感還來自於各種挑戰。我喜歡解決問題，用各種方式把事情做得更好，這就是我不斷嘗試的動力。

2. 彈奏性、音色和美感的優先順序為何？

你的心臟會比肝臟或頭腦更重要嗎？一把吉他彈奏起來的感覺、音色和外觀都一樣重要，就我本身的經驗，這些對音樂人來說也同樣重要，即便他們不一定會承認。我認為，吉他的外觀也會影響音色和彈奏性，因為外觀不同，吉他手對這把琴的感覺也會不一樣。

奈德・史坦伯格是一位知名製琴師，他設計過許多創新的樂器，其中最具代表性的是幾款無琴頭的吉他和貝斯，還有跳脫經典吉他的新穎線條。

3. 你的設計特色是什麼？你覺得你和其他製琴師有何不同之處？

這應該交由大家來評論。

R.M. 摩托拉 R.M. Mottola

1. 你的靈感從何而來？你是如何取得這些想法的？

由於我有工程學的背景，因此我設計電吉他的方式比較有條理。在這個脈絡下，「設計」是有一個很有趣的字眼，因為每個人對「設計」的定義都不同。對工程師來說，「設計」是一段為了滿足需求的發展過程。因此靈感來自於需求。在我製琴的過程中，我的設計方向都是為了滿足人體工學。我發現做出實體的設計原型很有幫助，因此我的方式是透過不斷地假設、製作原型、再進行修改。對我來說，我所設計的琴的外觀都是隨著功能去做改變，我也希望以此設計出好看的琴。

雖然這麼說，但我還是有一些很特殊的設計，而其中一些反應也還不錯。當然不論哪一種方式都會有進步的空間，而設計也絕對不只有一種方法。

2. 彈奏性、音色和美感的優先順序為何？

其實這三項都很重要，因此這個問題對我來說只是設計時的順序而已。如同我上面提到的，大部分情況下我都會把彈奏性擺第一。我還發現不會因為你提升了彈奏性而犧牲掉音色。我覺得就是電吉他的迷人之處。設計電吉他不是太困難，因為現在電吉他的零件種類、拾音器、和控制旋鈕都非常的齊全，各品牌都有相當多種現成的產品可以做搭配，而他們也都很樂意去滿足製琴師的一些特殊需求。

我希望這番話不會讓你覺得我忽略了美感的重要性。但大致上我是先考量功能性，再依照功能的需求去設計外觀，我相信這樣的方式更能夠凸顯一把吉他的內在美。

R.M. 摩托拉是一位知名的製琴師，他擅長以研究的方式來製琴。他的研究遍及木吉他、音色心理學、人體工學、材料科學和結構學。圖片中的貝斯是他設計的 Mezzaluna（義大利語「半月」之意）這個命名主要是因為寬闊的琴腰切角，非常方便讓演奏者將琴放置在大腿上休息。

3. 你的設計特色是什麼？你覺得你和其他製琴師有何不同之處？

　　當我在看現在的吉他時，我發現他們都非常特別，也都反應出每一位設計者的獨特性。這些款式的多樣化完全顯示出當代製琴的多元性。我的作品和其他人的作品一樣都很獨特。因為每一把琴都是不同設計者、不同背景、個性和不同製琴方式的產物。即便在一些限制較多的吉他中，仍舊有其獨特之處，比如 Stratocaster 的複製琴。有時候，在這樣的條件限制下，個人特色反而更加鮮明，因為製琴師必須更專注才能將創意發揮在一些極細微的地方。

勞夫‧諾瓦克 Ralph Novak

1. 你的靈感從何而來？你是如何取得這些想法的？

　　當我製作「我的吉他」（等一下再說明）時，靈感其實來自很多地方。一把吉他結合了設計者和使用者的需求和目的。靈感是在滿足彈奏者需求的前提下去發揮創意，創造出令人驚豔的產品，將演奏者和聆聽者推向更高的層次。我承認這點我並不是做得很完美，這是很抽象的境界，也沒有一定的程序。如果我製作出這樣等級的琴，我會跟彈奏者一樣開心。

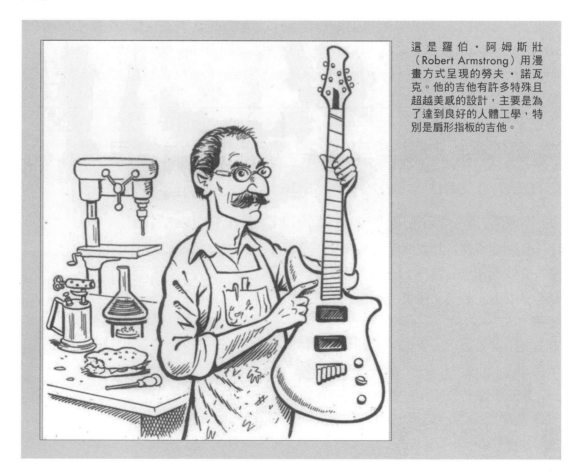

這是羅伯‧阿姆斯壯（Robert Armstrong）用漫畫方式呈現的勞夫‧諾瓦克。他的吉他有許多特殊且超越美感的設計，主要是為了達到良好的人體工學，特別是扇形指板的吉他。

關於前面提到的「我的吉他」，讓我來解釋一下。雖然說製琴這個行業要滿足使用者的需求，但我也必須承認有時候我會依據自己的喜好來製作吉他，單純為了好玩。我很喜歡製作吉他，也很喜歡嘗試不一樣的設計、使用特殊木材、來源不同的靈感，包含音樂本身。總而言之，如果我不能因為「好玩」來製作吉他，那我為什麼要做這行呢？

除此之外，靈感也來自於想設計出完美吉他的動力，有時候美的概念還不夠清晰，但你已經迫不及待要把它做出來。靈感也有可能來自音樂，例如「我的吉他能發出那樣美妙的音色嗎？」；也可能是視覺上的追求，比如線條的組合和木材的質地都能令人賞心悅目。當我挑戰自己去達到另一個階段時，這就是獲得靈感的特別時刻。

2. 彈奏性、音色和美感的優先順序為何？

我覺得你已經把正確順序排列出來了。我設計吉他的目的是為了要能彈奏它，所以如果一定要我列優先順序的話，我會把彈奏性排第一，當然並不是要忽略音色和美感的重要性，而是要知道我們製作的是樂器而不是藝術品。因此，使用、音色和美感都要同時考量進去。

3. 你的設計特色是什麼？你覺得你和其他製琴師有何不同之處？

我最著名的應該就屬扇形指板的概念，並且在美感和功能的雙重前提下，將這個概念融合在傳統的電吉他和貝斯中。我對「音色」的追求完全展現在吉他的弦長規格和我專屬的獨立琴橋系統上。很顯然，我對音色的喜好跟其他人不太一樣；美感、工程和設計方面也與大家不同。我並不是要改寫歷史，只是想要打造一個音樂人都能自由展現創意和特色的未來。

克勞帝歐・佩吉里＆克勞蒂亞・佩吉里
Claudio and Claudia Pagelli

1. 你的靈感從何而來？你是如何取得這些想法的？

任何事情都可能是靈感的來源——花朵、從我們山上公寓向外望出去的風景、布料的花紋、鍋具、繪畫、照片、小孩的笑容、石頭、木材、喝著美酒聊天、散步、聽音樂、跳蚤市場、放鬆的時刻——只要敞開心胸，（幾乎）沒有什麼時不可能的。

靈感源源不絕地以各種形式呈現出來：驚訝、彙整、討論、描繪、打草稿、或無意間的都有可能，像是一種會自己成形的感覺，大部分都會透過你的想像力。但如果你是為了某人而製作吉他，就必須考量顧客的想法，要和他們好好溝通：喜好、興趣、目的、文化、喜歡金色還是銀色，最喜歡的電影等等。

2. 彈奏性、音色和美感的優先順序為何？

第一是音色和彈奏性，外觀則是將形狀和功能結合再一起，再用最迷人的方式呈現給顧客。吉他設計的黃金三角：音色、彈奏性和美感，設計應該是這三者的結合。

當然也有一些吉他完全以外觀為主軸，我們大多數的設計原型都是如此。但千萬不要讓外觀主導了整把吉他的設計，我們打造的是樂器而不是潮流或藝術品。當然如果有人真的拿來純欣賞，這也不是我們的本意。

3. 你們的設計特色是什麼？你覺得你們和其他製琴師有何不同之處？

我們不斷地尋找新的方式，但盡可能保持樂器的本質。我們和其他製琴師最不一樣的地方是我們不只有一種設計類型或種類。佩吉里樂器之所以出名是在於設計的廣度：電吉他、貝斯、木吉他和爵士吉他等，在在都是特殊的設計，我們不量產。盡可能提供最高品質的樂器，這不只是給顧客的保證，也是對自己的挑戰，顧到每一個細節。這樣的理念已經維持三十年了！

賽巴斯汀・赫克 Sebastian Heck

1. 你的靈感從何而來？你是如何取得這些想法的？

最主要是因為市面上好的設計真的太少了。大部分廠牌都直接複製大廠如 Fender 或 Gibson 的吉他設計，缺乏深耕自己風格的勇氣。我的靈感大部分來自於日常的事物。我看著這些事物，突然會想到一個有趣的造型，然後我就會試著把它設計出來。有時候，乾脆就坐在桌子前，拿起紙筆就直接素描一些想法。

2. 彈奏性、音色和美感的優先順序為何？

每一個音樂人都會有不同的排序。我認為音色和彈奏性（音色第一）是設計吉他最重要的兩個元素。但我總是試著將這兩個元素結合在漂亮的設計中。這是最困難的部分！

3. 你的設計特色是什麼？你覺得你和其他製琴師有何不同之處？

這個問題好難回答！當我設計時，主要考量的是顧客的期待。因此吉他會反映出顧客的風格和喜愛；因此成品結合了我自己的風格和顧客的想法。

如果不需要考量顧客的需求，我設計出來的作品多半很有現代感，我不知道該怎麼形容它，或許你會說是「乾淨」或「簡潔」，甚至是「端正」。我很喜歡那種顛倒的造型（我稱之為顛倒的佩吉里風格），但沒有一丁點 Mosrite 吉他的影子。

對我來說，保持彈性也很重要，不要被本身特異風格的框架侷限住了。

賽巴斯汀・赫克，1997 年出生於德國斯圖加特。因為參加一個討論披頭四的電視節目進而接觸到流行音樂。他從九〇年代開始彈吉他，直到參加了吉他製作研習後就再也停不下來。2008 年開始他架設了自己的網站：www.gitarrendesign.de

勞夫‧馬特斯 Ralf Martens

1. 你的靈感從何而來？你是如何取得這些想法的？

我喜歡設計東西！任何有趣的形狀、雕刻、材料、或顏色的搭配等，這些元素之間的各種強烈對比都能引發樂器設計的靈感。

很多想法自然就來了，透過外觀、物體的形狀或觸感，也有很多想法必須經過一番努力才能成形。

有時候甚至只是不滿意現狀就會有新的想法。

2. 彈奏性、音色和美感的優先順序為何？

理想上，彈奏性、音色和美感缺一不可，他們彼此之間互相影響著。

3. 你的設計特色是什麼？你覺得你和其他製琴師有何不同之處？

你可以從我的作品中看出我的個性，也就是特立獨行。我所設計的吉他或貝斯可以直接展現我的主觀意識。

出生於 1965 年的勞夫，在多年前開始對繪畫和產品設計產生了濃厚的興趣。表面上他喜歡彈吉他和學習如何建造飛機，其實他還有一個更深層強烈的慾望：設計吉他。他在一個吉他製作的論壇網站上認識了賽巴斯汀‧赫克，隨後也加入了赫克所成立的網站 gitarrendsign.de，這是資源最豐富的吉他製作網站之一。

馬丁・歐夫 Martin Off

1. 你的靈感從何而來？你是如何取得這些想法的？

聽起來或許很奇怪，但靈感其實來自各種地方：有時後是一句座右銘或一個想法，例如當初設計「魅力吉他」（Glamour Guitar）時，主要是想要有大鳴大放的視覺感，這就成了整個設計主軸。除了設計吉他我也喜歡繪畫，因此我的靈感也來自於藝術本身。參觀藝術展覽也會帶給我一些靈感。有時甚至是一些老東西，例如當鋪裡便宜的老吉他、或者結合老爺車和新車的概念。最後，光是看著一塊漂亮的木材就可以馬上激發我將它設計成漂亮吉他的想法。

2. 彈奏性、音色和美感的優先順序為何？

我認為第一順位是音色，因為我們在討論的是做音樂，音色當然是優先考量。如果一把吉他只有好看而不好聽，到最後你也只會把吉他掛在牆上欣賞而已。

馬丁・歐夫是來自德國的設計師和插畫家，他在 2002 年設計了第一把吉他。之後他帶著他的作品贏得了幾個設計獎項，並且被知名的《Gitarre & Bass》雜誌評選為最重要的製琴師之一。圖中是美麗的得獎款式——「藍調女士」（Miss Blues）。

緊接著是美感，我認為找到一些新的或甚至「奇怪」的輪廓很重要，我希望你背在身上的吉他在舞台上是好看的。

第三則是彈奏性。我敢說琴頸的形狀、琴頸根部、完美的琴格設定、完美的琴弦高度和一個穩定的調音旋鈕將決定九成的彈奏性。如果這些零件與你的風格吻合，自然就會有很好的彈奏性。

最後才是外觀，特別是琴身的形狀，有時候琴身會像手到一樣跟你的身體吻合（這就是完美的人體工學），有時候可能會造成一些傷害。我想你應該不會說 Explorer 或 Flying V 是符合人體工學的設計，但你選擇他們的原因是因為他們的特殊態度，因為他們看起來很酷！

3. 你的設計特色是什麼？你覺得你和其他製琴師有何不同之處？

我喜歡嘗試新的、甚至是有點奇怪的設計。我會說那是一種現代又帶有一絲復古的感覺。我不喜歡複製經典的設計，也不希望我設計出來的吉他有經典設計的影子，例如「幾乎像是一把 Strat」這種事情。

我想應該就是我不斷地在找尋新的形式，創造出大膽、令人興奮和性感的設計。沒錯，我的目標就是設計出非常性感的吉他！

附錄 B
聲木介紹

下面我們將介紹一些傳統製琴常用到的木材,會歸納出木材的外觀特徵、區域、別名、不同語言的名稱、毒性、危害性,以及目前的環境狀況[41]。並且簡單說明每一種木材在木工作業時的反應。

Alder 榿木		密度	毒性/危害	環境考量	
		0.41	皮膚炎	無相關報告	
(Alnus Rubra)	德:Erle			合板表面	Y
	義:Aliso	硬度		琴身	Y
	西:Alno			琴頸	N
歐洲、俄羅斯、西亞、日本 紅榿木:美國、加拿大	法:Aulne	**2590**		指板	N
直紋、質地細緻、邊材和心材均為橘棕色,無特殊形態。重量適中;彎曲度、耐衝擊度、勁度、防腐性度低。適合以釘子、螺絲、黏著劑固定。染色和拋光效果佳。					

Ash 梣木 別名:Biltmore Ash, cane Ash, Biltmore Ash		密度	毒性/危害	環境考量	
		0.54	引發肺部功能疾病	無相關報告	
(Fraxinus Americana)	德:Esche			合板表面	Y
	義:Frassino	硬度		琴身	Y
	西:Fresno			琴頸	N
美國、加拿大	法:Frêne	**1320**		指板	N
通常為直紋、質地粗糙。心材為淺棕色,邊材接近白色。重量、硬度、強度、扎實度均適中,有很好的耐衝擊度、尺寸穩定度佳、防腐性差。使用蒸氣處理可達到良好的彎曲度,木材本身彈性佳。可以機器施工。適合使用黏著劑、螺絲、釘子固定。可能需要使用填充物來填補木材瑕疵處,但染色和拋光效果佳。					

原注 41:資料來源為《瀕危野生動植物種國際貿易公約》(CITES–Convention on International Trade in Endangered Species of Wild Fauna and Flora)

Basswood 椴木 別名：Lime, Beetree, Linn, Linden		密度 **0.8**	毒性／危害 刺激眼睛、皮膚和呼吸系統	環境考量 無相關報告	
(Tilia Americana)	德：Linde			合板表面	N
	義：iglio	硬度		琴身	N
	西：Tilo			琴頸	Y
美國、加拿大	法：Tilleul	**410**		指板	N

通常為直紋、質地細緻帶有中度光澤。心材顏色介於乳白色和棕色之間，邊材則接近白色。柔軟、輕質；強度、可彎曲度、耐衝擊度、防腐性低。使用蒸氣處理的彎曲性不佳。以尖銳機具或手工具操作的效果佳，適合雕刻（硬度軟、不易裂開）。適合使用黏著劑、螺絲、釘子固定，染色和拋光效果佳，但質地較軟因此上色可能會比較困難。

Bubinga 非洲玫瑰木 別名：Akume, Kevazingo, Ovang, Waka, Etimoé		密度 **0.8**	毒性／危害 皮膚炎、皮膚損傷	環境考量 處於危險中	
(Gibourtia tessmannii)	德：Bubinga			合板表面	Y
	義：Bubinga	硬度		琴身	Y
	西：Bubinga			琴頸	Y
西非	法：Bubinga	**2690**		指板	Y

直紋或交織紋。質地均勻，介於細緻和極細緻之間。邊材為白色，心材為中等的紅棕色、紅色、或偏紅的棕色，木紋則介於淺紅色和紫色之間。切開後，木材將逐漸變成黃色或帶有紅斑紋的中等棕色，木紋較不明顯、帶有光澤。剛切開時會有刺鼻的氣味。木材會對切割工具造成中等程度或以上的磨損。非洲玫瑰木是硬且重的木材，切割容易但需緩慢進行。刨木時建議傾斜 15 度避免彈出不規則的木塊。容易鑽孔或雕刻。因為木材上會有樹脂囊，較不適合使用黏著劑固定。上螺絲之前需事先鑽孔。磨砂和拋光效果極佳。

Cocobolo 美洲黃檀 別名：Granadillo, Caviuna, Jacaranda, Nambar		密度 **1.11**	毒性／危害 皮膚炎、鼻子和喉嚨刺激、結膜炎、支氣管氣喘、噁心	環境考量 無相關報告	
(Dalbergia Retusa)	德：Cocobolo			合板表面	Y
	義：Cocobolo	硬度		琴身	N
	西：Cocobolo			琴頸	N
中美洲	法：Cocobolo	**1136**		指板	Y

通常為直紋，質地細緻。切開時心材的顏色不一，通常會用彩虹色來形容。切割容易但會使切鋸工具稍微變鈍。對其他工具也造成中等的磨損。切割工具必須保持銳利。由於木材含有天然油脂，因此不適合使用黏著劑固定。單用布擦拭，不需使用透明漆就可以達到平滑和蠟面感的效果。

Ebony 黑檀木 別名：Mgiriti, Msindi, Kanran, Nyareti, Kukuo		密度 **1.04**	毒性／危害 皮膚過敏、皮膚炎	環境考量 處於危險中	
(Diospyros Kamerunensis)	德：Ebenholz			合板表面	N
	義：Ebano	硬度		琴身	N
	西：Ébano			琴頸	N
南非	法：Ébène	**3220**		指板	Y

硬且重，會造成切割工具嚴重受損。刨削或其他操作均不容易。非常適合做車工和雕刻。不容易使用黏著劑固定。拋光效果極佳。

Koa 夏威夷紅木 別名：Hawaiian mahogany, Hawaiian Acacia		密度 **0.67**	毒性／危害 無相關資料。會造成動物掉毛和引發攻擊性	環境考量 無相關報告	
(Acacia Koa)	德：Koa			合板表面	Y
	義：Koa	硬度		琴身	Y
	西：Acacia Koa			琴頸	Y
夏威夷	法：Koa	**1220**		指板	N

波浪、彎曲狀、中度到高度交織的木紋。年輪上有深淺條紋。木紋形成各種迷人的線條。質地為中等粗糙。淺棕色邊材和紅棕色心材中間有明顯的分界。表面光澤度非常高。木紋交織導致裁切不易。切割工具應保持在銳利狀態以避免木屑飛出。木材會對切割工具會造成中度的磨損。手工或機械操作皆適合。木材末端需要相當鋒利的工具才能進行切割。不容易使用黏著劑固定。容易染色和塗布亮光漆。

Korina 可利娜木 別名：Limba, Fakre, Fraké, Afara, White Afara		密度 **0.55**	毒性／危害 碎屑會造成化膿、鼻子和牙齦出血、影響肺功能	環境考量 無相關報告	
(Terminalia Superba)	德：Korina			合板表面	Y
	義：Korina	硬度		琴身	Y
	西：Korina			琴頸	N
熱帶西非	法：Korina	**490**		指板	N

直條、不規則、或交織的木紋。質地稍微粗糙。色澤為均勻的乳白色、淡黃色或灰棕色；不規則的斑紋讓木材呈現迷人的外觀。木材表面有絲綢般的高度光澤。會對切割工具造成些微的磨損。適合使用絕大多數的工具和作方法。使用黏著劑固定的效果良好。使用螺絲之前需事先鑽孔，否則會有裂開的風險。容易染色，經過填補後的拋光性極佳。

Lacewood 蕾絲木 別名：Silky Oak, Selena, Selano, Louro FaiaSawdust		密度 **0.6**	毒性／危害 木屑會造成皮膚過敏、呼吸道問題和皮膚炎	環境考量 無相關報告	
(Cardwellia sublimis)	德：Grevillea			合板表面	Y
	義：	硬度		琴身	Y
	西：Roble aust.			琴頸	Y
澳洲	法：Grevillea	**840**		指板	N

木紋呈大塊放射狀，在縱向鋸成四份（quartersawn）的木塊上特別明顯，看起來像是爬蟲動物的外觀。色澤為紅棕色，質地均勻且些微粗糙。木材愈老顏色愈偏向棕色。木材施工容易。放射狀木紋可能會有飛出的可能。容易塗裝。

Mahogany 桃花心木 別名：True Mahogany, Honduras mahagony		密度 **0.65**	毒性／危害 皮膚過敏、暈眩、嘔吐、癲病、肺炎、肺泡炎	環境考量 瀕臨絕種	
宏都拉斯 *(Swietenia Macrophylla)*	德：Mahagoni			合板表面	Y
	義：Mogano	硬度		琴身	Y
	西：Caoba			琴頸	Y
中非、南非	法：Acajou	**800**		指板	N

直條、魚卵、波浪到彎曲狀的木紋。不規則的木紋通常呈現出迷人的樣貌。質地均勻，有細緻也有粗糙的選擇。縫隙中可能會有深色的樹脂和白色的沉澱物。桃花心木的顏色非常多變，因此很多類似的品種也被稱為桃花心木。勁度低、耐衝擊性低。施工表現極佳。木材在上漆前可能需要事先填補，但很容易上色。

Mahogany 桃花心木 別名：Khaya		密度 **0.5**	毒性／危害 皮膚過敏、暈眩、嘔吐、癲病、肺炎、肺泡炎	環境考量 無相關報告	
非洲 *(Khaya Ivorensis)*	德：Mahagoni			合板表面	Y
	義：Mogano	硬度		琴身	Y
	西：Caoba			琴頸	Y
西非	法：Acajou	**830**		指板	N

直紋，質地細緻。色澤從紅棕色到中等的紅色。交織或直條的木紋通常呈現出緞帶的圖形，質地稍微粗糙。重量微重，中等韌性，勁度和耐衝擊性低。適合使用黏著劑、釘子和螺絲固定。染色和拋光之後會有很好的效果。

Mahogany 桃花心木 別名：Sapele, Sapelli		密度	毒性／危害	環境考量	
		0.5	皮膚過敏、暈眩、嘔吐、癌病、肺炎、肺泡炎	無相關報告	
非洲 *(Entandrophragma cylindricum)*	德：Mahagoni			合板表面	Y
	義：Mogano	硬度		琴身	Y
	西：Caoba			琴頸	Y
西非、中非、東非	法：Acajou	**1510**		指板	N

直紋或交織紋。質地均勻，介於細緻和極細緻之間。邊材為白色，心材為中等的紅棕色、紅色、或偏紅的棕色，木紋則介於淺紅色和紫色之間。切開後，木材將逐漸變成黃色或帶有紅斑紋的中等棕色，木紋較不明顯、帶有光澤。剛切開時會有刺鼻的氣味。木材會對切割工具造成中等程度或以上的磨損。非洲玫瑰木是硬且重的木材，切割容易但需緩慢進行。刨木時建議傾斜 15 度避免彈出不規則的木塊。容易鑽孔或雕刻。因為木材上會有樹脂囊，較不適合使用黏著劑固定。上螺絲之前需事先鑽孔。磨砂和拋光效果極佳。

Maple 楓木 別名：無		密度	毒性／危害	環境考量	
		0.65	影響肺功能	無相關報告	
(Acer spp.)	德：Ahorn			合板表面	Y
	義：Acero	硬度		琴身	Y
	西：Arce			琴頸	Y
亞洲、歐洲、北非、北美	法：Érable	**1450**		指板	Y

通常有密實的直紋。有時候呈現出非常漂亮的圖形，包含鳥眼、楓木樹瘤、泡狀、葉狀、和小提琴狀的花紋。緊密的直條木紋和具有均勻細緻的質地。使用螺絲和釘子前建議事先鑽孔。使用黏著劑和上漆之後都能達到很平滑的效果。製琴用的楓木大概可以分為四種。東方硬楓（糖楓）做為 Fender 吉他的琴頸，質地硬、重量重，有很好的耐磨性。東方軟楓（又分成五種）偶爾做為實心琴身，質地不那麼硬，重量也較輕，耐磨性則相對差一些。歐洲楓木（又分成一～兩種）和東方軟楓類似，均屬於較軟的楓木，但不用於美國製的實心吉他；西方大葉楓重量稍重、硬度稍硬，帶有直條木紋。通常呈現漂亮的紋路，也常用於琴身表面。

Padauk 非洲紫檀木 別名：Padouk, Barwood, Mbe Mbil, Camwood, Corail		密度	毒性／危害	環境考量	
		0.38	皮膚過敏、肺炎、肺泡炎（明顯且常見）	有絕種危機	
(Pterocarpus soyauxii)	德：			合板表面	Y
	義：Paduk	硬度		琴身	N
	西：			琴頸	N
中非、西非	法：Paduk	**1725**		指板	Y

開放、直條的暗色木紋，質地多孔且稍微粗糙。心材為大紅色到紫色，邊材為淺米色。容易鑽孔。適合使用黏著劑或螺絲固定，但是小木塊容易因為鑽入螺絲而裂開。磨砂效果佳。使用水性表面漆能讓底色維持較久。

Poplar 白楊木 別名：Yellow Poplar, Tulip Poplar, Tulipwood		密度 **0.46**	毒性／危害 打噴嚏、眼睛過敏、可能會使皮膚起水泡	環境考量 無相關報告	
(Liriodendron tulipifera)	德：Pappel			合板表面	Y
	義：Pioppo	硬度 **540**		琴身	Y
	西：Spanish, Tulipero			琴頸	N
北美洲、歐洲、亞洲	法：Peuplier			指板	N
通常為直紋，帶有一些毛茸感，質地細緻均勻。大多數品種的硬度軟、重量輕、強度、勁度和耐衝擊性均較低。使用手工或機器操作都很適合，但建議刀具要保持銳利。適合使用黏著劑、螺絲和釘子固定。很容易染色和上漆，但有可能出現色塊。					

Redwood 紅杉木 別名：California Redwood, Scquioa, Vavona		密度 **0.42**	毒性／危害 皮膚過敏、肺炎、肺泡炎	環境考量 無相關報告	
(Sequoia sempervirens)	德：Redwood, Maser			合板表面	Y
	義：Sequioa	硬度 **420**		琴身	N
	西：Spanish, Secuoya			琴頸	N
加州、奧勒岡州	法：Sequioa			指板	N
通常為直紋，質地介於細緻和粗糙之間。有非常明顯的年輪。重量輕且硬度軟，彎曲度、縱向壓縮強度和耐衝擊性均較低。使用手工或機器操作都很適合，但可能會有木屑射出的狀況。容易鑽入螺絲但固定效果不佳。黏著效果佳。上色和吃色效果非常好。					

Rosewood 玫瑰木 別名：Bombay, Shisham, Malabar, Sissoo, Biti		密度 **0.88**	毒性／危害 皮膚炎、呼吸道不適（非常明顯）	環境考量 無相關報告	
印度 *(Dalbergia latifolia)*	德：			合板表面	Y
	義：Palissandro India	硬度 **3170**		琴身	Y
	西：Palisandro			琴頸	Y
印度、南印度	法：palissandre			指板	Y
木紋多呈現交織狀，質地均勻、輕微粗糙。重量重、硬度高、密度高、彎曲度和縱向壓縮強度高、中等抗衝擊性、穩定度高，心材非常耐用。因為帶有鈣質沉澱物，操作不易，容易使刀具變鈍。適合使用螺絲和黏著劑固定。表面經過填補之後上漆會有很好的效果。					

Rosewood 玫瑰木 別名：無		密度	毒性／危害	環境考量	
		0.51	皮膚炎、呼吸道不適（非常明顯）	無相關報告	
印尼 (*Dalbergia Stevensonii*)	德：Palisander			合板表面	Y
印尼、印度（自奈及利亞引進的外來種）	義：Palisandro	硬度		琴身	Y
	西：Palisandro			琴頸	Y
	法：palissandre	**1720**		指板	Y

木紋緊密交織或交錯。深色的斑紋搭配交織的木紋讓木材呈現出非常迷人的外觀。質地均勻、稍微粗糙。光澤感在中等以下。新切開的木材帶有特殊的香氣，風乾過後的木材則無特殊氣味。非常不易操作，容易使刀具變鈍。彎曲度不佳。

Rosewood 玫瑰木 別名：Rio Rosewood, Caviuna, Obuina		密度	毒性／危害	環境考量	
		0.55	含有一種會導致皮膚炎的胡桃酮（Juglone）	瀕臨絕種	
巴西 (*Dalbergia Nigra*)	德：Palisander			合板表面	Y
	義：Palisandro Rio	硬度		琴身	Y
	西：Palisandro Brasil			琴頸	Y
巴西	法：palissandre Rio	**2720**		指板	N

大多為直紋，質地粗糙、木材上有大型的開放孔洞，帶有油脂和砂礫般的粗糙感。邊材為乳白色。硬度高、重量重。強度和耐衝擊性為中等偏高，勁度低。木材會對切割工具造成嚴重磨損。鑽入螺絲之前需事先鑽孔。表面油脂經過處理過後的黏著固定性佳（建議使用環氧樹脂）。經過上漆和拋光之後能達到非常光滑的效果。

Walnut 胡桃木 別名：Nussbaum		密度	毒性／危害	環境考量	
		0.83	眼睛和皮膚過敏。頻率：常見	無相關報告	
(*Juglans nigra*)	德：Walnuss			合板表面	Y
	義：Noce Nero	硬度		琴身	Y
	西：Nogal			琴頸	Y
美國、加拿大	法：Noyer Noir	**1010**		指板	Y

通常為直紋，質地均勻、稍微粗糙。心材為深棕色，邊材接近白色。重量、硬度、強度和勁度皆屬中等。很適合使用手工或機器處理。在鑽孔、塑形、雕刻上均有很好的表現。很容易磨砂和上漆，可以達到絲質般的自然光澤。

Wenge 雞翅木		密度	毒性／危害	環境考量	
別名：Awoung, Dikela, Mibotu, Bokonge		**0.88**	碎屑會造成化膿、皮膚炎、神經性的腹部痙攣	瀕臨絕種	
(Milettia laurentii)	德：Wengé, Wenge			合板表面	Y
非洲（薩伊、喀麥隆、加彭、坦尚尼亞、莫三比克、剛果）	義：Wengé	硬度		琴身	N
	西：Wenge			琴頸	N
	法：Wengé	**1630**		指板	N

顏色非常深，外觀辨識度很高，有特殊的鷓鴣鳥羽毛紋路。木材於切割工具會造成中度磨損。需緩慢地鋸切，但很容易使用機器操作。木材上有樹脂孔隙因此使用黏著劑的固定效果不佳。屬於高硬度的木材，需事先鑽孔再以釘子固定，固定效果良好。磨砂效果好，但不易拋光、上亮光漆的效果不佳。使用某些溶劑型的染色樹脂較不易風乾。木材對手工工具的反應效果良好。

Zebrano 斑馬木		密度	毒性／危害	環境考量	
別名：Zebrawood, Amouki Zingana, Allen ele		**0.74**	眼睛和皮膚過敏	瀕臨絕種	
(Microberlinia brazzavillensis)	德：Zingana			合板表面	Y
	義：Zingano	硬度		琴身	N
	西：			琴頸	N
西非（主要在喀麥隆和加彭）	法：Zingana	**1575**		指板	N

質地稍微粗糙，木紋緊密且明顯。心材為黃棕色，淺色的邊材為和深色紋路交錯，讓外觀呈現出斑馬的紋路。表面脆弱。刨削時會有木屑射出。使用黏著劑的固定效果佳。白色紋路部分容易磨損。表層較為脆弱、容易斷裂。

附錄 C
拾音器色碼

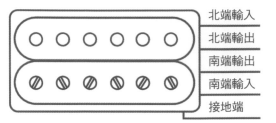

接線端	Anderson	Bartolini	Benedetto	Di Marzio
北端輸入 北端輸出	紅	黑	紅	紅
南端輸出	綠	紅	黑	黑
南端輸入	白	白	白	白
接地端	黑	綠	綠	綠

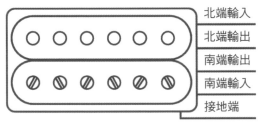

	EMG-HZ	Fender	Gibson	Gotoh
	紅	綠	紅	黑
	黑	白	白	白
	白	黑	綠	紅
	綠	紅	黑	綠

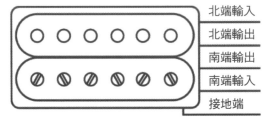

	Ibanez	Jackson	Schaller	S. Duncan
	紅	綠	黃	黑
	黑	白	棕	白
	白	紅	白	紅
	藍	黑	綠	綠

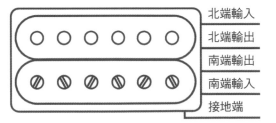

	B. Knuckle	B. Lawrence	Peavey	Shadow
	紅	紅	紅	綠
	綠	白	綠	白
	白	綠	白	棕
	黑	黑	黑	黃

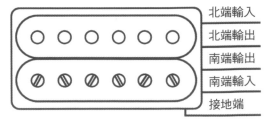

	PRS	WD / Kent Armstrong	Lindy Fralin	Barden
	紅	綠	白	黑
	黑	白	綠	白
	白	黑 / 藍	紅	紅
	紅	紅 / 粉	黑	綠

附錄 D
拾音器電路槽模板

單位：英吋（公厘）

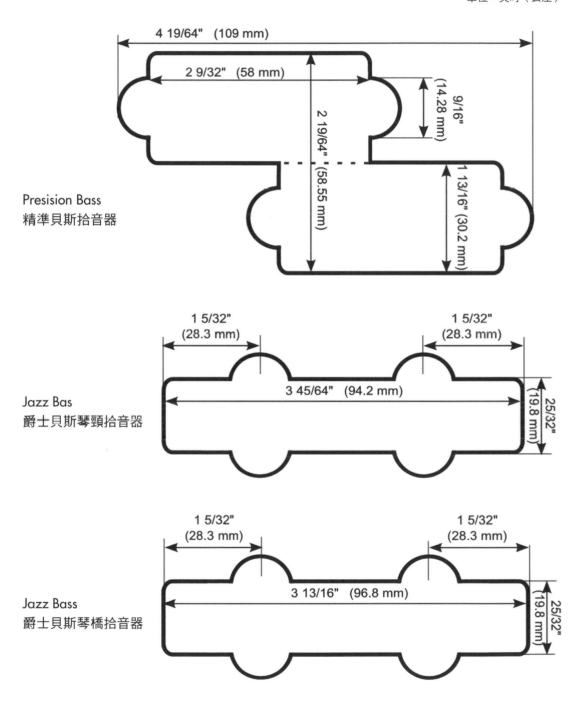

Presision Bass
精準貝斯拾音器

Jazz Bas
爵士貝斯琴頸拾音器

Jazz Bass
爵士貝斯琴橋拾音器

你的設計圖可以操考這些模板和尺寸。但實際製作時，最好有實體做為參考以避免錯誤發生，並且鑿出乾淨準確的拾音器電路槽。

Single coil
單線圈拾音器

2 3/4" (69.85 mm)

23/32" (18.25 mm)

Humbucker
雙線圈拾音器
（直接安裝在琴身上）

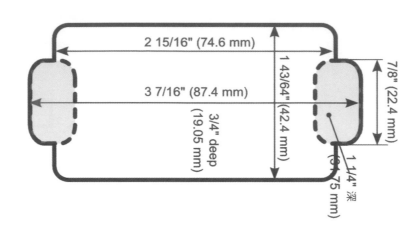

2 15/16" (74.6 mm)

3 7/16" (87.4 mm)

1 43/64" (42.4 mm)

3/4" deep (19.05 mm)

7/8" (22.4 mm)

1 1/4" 深 (31.75 mm)

Humbucker
雙線圈拾音器
（安裝在琴身護板上）

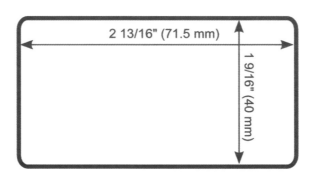

2 13/16" (71.5 mm)

1 9/16" (40 mm)

P-90 拾音器

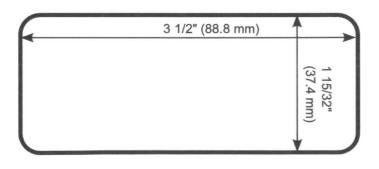

3 1/2" (88.8 mm)

1 15/32" (37.4 mm)

致謝

首先我一定要感謝 R.M. Mottola，無私地分享他的知識與經驗，若沒有他淵博知識的貢獻，此書將無法完成。接下來，我想一一感謝……

那些我稱為「大師」等級的人物（即便我們素昧平生）和他們的經典製琴書籍：William Cumpiano、Dan Erlewine 和 Melvyn Hiscock；Tim Olsen，the American Lutherie Magazine 和 Guild of American Luthiers(www.luth.org)。

多位製琴師、文字工作者和代理商，他們和我分享他們的想法：Jens Ritter、Gerald Marleaux；《Bass Gear Magazine》的成員 Martin Roseman、Thomas Bowlus（美國）；《Gitarre & Bass magazine》的成員 Dirk Groll、Florian Erhart（德國）

Hclmuth Lemme，他提供拾音器和電路上的專業建議，並且讓我引用他卓越的著作《Elektrogitarren-Technik und Sound》的內容。

設計師、製琴師、作者和音樂人，他們和我分享吉他的設計：Ned Steinberger、Bob Shaw、Claudio Pagelli、Claudia Pagalli、Martin Off、Ralf Martens 和 Sebastian Heck、Rick Toone、Jerome Little、Ola Strandberg，以及 Marc Dehnke。

Peter Borowski 和 ABM（www.ABM-mueller.com）、Olaf Nobis、Banzai Effects（www.banzaieffects.com）讓我使用他們的照片。 ABM 專門生產優質的琴橋、後琴橋和其他吉他和貝斯的硬體零件，Banzai 則是你可以在德國買到吉他電子零件的地方。

Frank Benthaus，他幫我打造了好多把無人能及的吉他。

我的好友 Michael Going 幫我設計此書的封面。

感謝 Dieter Stork，承蒙他的美意讓我能在本書的封面使用他的圖片（此圖片來源：Gitarre & Bass magazine）。

當然還有指出本書需要修正和改進之處的讀者：來自 www.buildyourowngiutar.com 的 Axel Proschko，Johannes Hofer 和 Martin Koch。

最後是家人和朋友們的愛與支持：我的母親 Marta Oneto、我的父親 Hector Lospennato、Silvana 和 Franco Lospennato、Juan Figari、Marta Polastri、Baltazar Avendano Rimini、Hector Schauvinhold、Gianfranco Conte、Matthew Ferguson、Dirk Welsch-Lehmann、Neil Corteen、Lina Shushulova、Angel Oneto 和 Silvia Lucarini（最愛的叔叔與阿姨）和家人們、Juanfe Rehm、Anika Wechsung 和 Sasha Wechsung。

圖片版權

本書使用了許多 Flickr.com 上的照片，感謝照片的提供者，所有照片皆經過原創者的同意而引用。有關聲木的資訊均引用自下方網站：

www.woodworkersource.com、www.woodbin.com、www.woodzone.com

拾音器章節中的圖片來自於 GM Arts（www.gmarts.com），在此表達無限的感激。設計演進圖表中的圖片：©Pradi、©Tund、©Newlight、©Alxpin、©Vince Mo、©Funniefarm、©Alexroz 皆來自於 www.dreamstime.com

www.flickr.com/photos: groovenite、purpleslog、glauser、lifeontheedge、x-ray_data_one、imuttoo hiddenloop，並以創用 2.0 形式引用。www.fotolia.com 提供了 ©Marco Birn、©Imagery Majestic、©Evgeny Rannev、©jackrussell、©Denis Tabler、Detlev Dördelmann。

色彩涵義表格的內容引用自：http://www.squidoo.com/colorexpert、http://desktoppub.about.com/cs/color/a/symbolism.htm

感謝 Axes-r-us Bodies（www.axesrus.com）讓我使用他們網站的照片。所有吉他品牌（Fender、Gibson、Rickenbacker、Ibanez、Yamaha 等）皆為品牌擁有者之財產。同樣的，所有吉他系列型號（Stratocaster、Les Paul、Telecaster, Explorer、Iceman、Tune-O-Matic 等）皆為品牌擁有者之財產。此時此刻本書已經完成，我並不隸屬於任何在此列出的公司和品牌。

書中的所有想法都是原創、或是以前還沒想要出書的時候筆記下來的內容，因此導致某些內容無法提供引用來源。我已無法回憶起這些內容的來源，如果您知道內容中的作者或其來源，請 email 來信告知，我非常樂意將這些資訊加入未來的版本中；或有任何想法或建議也歡迎來信。

注意：製琴過程中有使用到電動工具或其他工具時，讀者需自行注意安全。

國家圖書館出版品預行編目資料

電吉他&貝斯調修改製：徹底了解「形式+功能+彈奏性+音色+風格」原則,調整、維修、改裝、製造不走鐘!/李歐那多.洛斯朋納托(Leonardo Lospennato)著；劉方緯譯. – 三版. – 臺北市：易博士义化, 城邦事業股份有限公司出版：英屬蓋曼群島商家庭傳媒股份有限公司城邦分公司發行, 2023.04
　　面；　公分

譯自：Electric guitar and bass design : the guitar or bass of your dreams, from the first draft
ISBN 978-986-480-292-0(平裝)

1.CST: 電吉他 2.CST: 工藝設計

471.8　　　　　　　　　　　　　　　　　　　　　　112004164

DA1032

電吉他&貝斯調修改製

原　書　名／Electric Guitar & Bass Design：The guitar or bass of your dreams, from the first draft to the full plan
原 出 版 社／李歐那多 ‧ 洛斯朋納托（Leonardo Lospennato）
作　　　者／李歐那多 ‧ 洛斯朋納托（Leonardo Lospennato）
譯　　　者／劉方緯
編　　　輯／邱靖容、何湘葳
業 務 經 理／羅越華
總　編　輯／蕭麗媛
視 覺 總 監／陳栩椿
發　行　人／何飛鵬
出　　　版／易博士文化
　　　　　　城邦文化事業股份有限公司
　　　　　　台北市中山區民生東路二段 141 號 8 樓
　　　　　　電話：(02) 2500-7008　　傳真：(02) 2502-7676
　　　　　　E-mail：ct_easybooks@hmg.com.tw
發　　　行／英屬蓋曼群島商家庭傳媒股份有限公司城邦分公司
　　　　　　台北市中山區民生東路二段 141 號 11 樓
　　　　　　書虫客服服務專線：(02) 2500-7718、2500-7719
　　　　　　服務時間：週一至週五上午 09:30-12:00；下午 13:30-17:00
　　　　　　24 小時傳真服務：(02) 2500-1990、2500-1991
　　　　　　讀者服務信箱：service@readingclub.com.tw
　　　　　　劃撥帳號：19863813
　　　　　　戶名：書虫股份有限公司
香 港 發 行 所／城邦（香港）出版集團有限公司
　　　　　　香港灣仔駱克道 193 號東超商業中心 1 樓
　　　　　　電話：(852) 2508-6231　　傳真：(852) 2578-9337
　　　　　　E-mail：hkcite@biznetvigator.com
馬 新 發 行 所／城邦（馬新）出版集團【 Cite (M) Sdn. Bhd. 】
　　　　　　41, Jalan Radin Anum, Bandar Baru Sri Petaling,
　　　　　　57000 Kuala Lumpur, Malaysia.
　　　　　　電話：(603) 90563833　　傳真：(603) 90576622
　　　　　　E-mail：services@cite.my

美 術 編 輯／陳姿秀
封 面 構 成／林雯瑛
製 版 印 刷／卡樂彩色製版印刷有限公司

■ 2017 年 4 月 初版（原書名《圖解製作電吉他‧貝斯》）
■ 2019 年 3 月 修訂（更定書名《電吉他＆貝斯調修改製》）
■ 2023 年 4 月 三版
ISBN　978-986-480-292-0

城邦讀書花園
www.cite.com.tw

定價 1300 元　HK$433